NEW TECHNOLOGY THAT CHILDREN CAN UNDERSTAND

孩子也能懂的新科技

大数据

文/〔美〕卡尔拉·穆尼　图/〔美〕亚历克西·康奈尔

译/汪昌健　李思遥

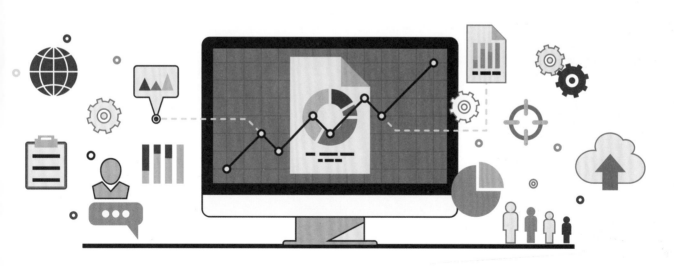

湖南少年儿童出版社·长沙
HUNAN JUVENILE & CHILDREN'S PUBLISHING HOUSE

1085： 英国国王"征服者"威廉派人对英国人口、土地和财产进行全面普查，并记录在《末日审判书》和《土地赋税调查书》中。

1820： 法国发明家查尔斯·泽维尔·托马斯·德·科尔马发明了世界上最早的加法机之一——被称为四则运算器（The Arithometer）。

1834： 查尔斯·巴贝奇开始着手设计一种新的计算机器，即分析机（Analytical Engine），后来它又被第一位软件程序员艾达·洛夫莱斯进一步改进。

1874： 雷明顿打字机公司生产了第一台获得商业成功的打字机。

1887： 多尔·E.费尔特获得了康普托计算器（Compometer）的专利，这是第一台获得商业成功的键控机械计算器。

1890： 威廉·巴勒斯为他的带有打印机制的计算器申请专利。

1890： 赫尔曼·霍勒瑞斯的打孔卡系统被用于1890年的人口普查。

1896： 赫尔曼·霍勒瑞斯成立了"制表机公司"，它后来发展成为"国际商业机器公司"（IBM）。

1936： 美国政府从IBM订购了400多台打孔卡机，以帮助跟踪社会保障计划。

1945： 约翰·莫奇利和约翰·埃克特完成了电子数字积分计算器（ENIAC），一种电子计算机器，六名女程序员为它编程。

1947： 贝尔实验室的威廉·肖克利、约翰·巴丁和沃尔特·布拉坦发明了晶体管。

1952： 通用自动计算机（UNIVAC）预测德怀特·艾森豪威尔将赢得美国总统大选。

时间线

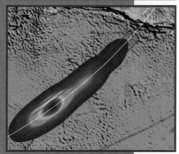

1953：格雷斯·霍珀开发了第一种计算机语言，最终被称为 COBOL。

1958：杰克·基尔比和罗伯特·诺伊斯发明了集成电路，称为计算机芯片。

1969：ARPAnet 是第一个可以将不同类型的计算机连接在一起的大规模通用计算机网络。

1971：IBM 里的一个工程师团队发明了"软盘"，它允许数据在计算机之间共享。

1981：IBM 推出了它的第一台个人电脑。

1984：菲利普斯推出了光盘（CD-ROM），它能够保存预先记录好的数据。

1991：英国计算机科学家蒂姆·伯纳斯·李开发了万维网，这是一个在互联网上创建、组织和链接文档以及网页的系统。

1996：谢尔盖·布林和拉里·佩奇在斯坦福大学开发了谷歌搜索引擎。

2000：USB 闪存驱动器被引入并用于计算机和其他设备之间的数据存储和文件传输。

2003：蓝光光盘发行。

2004：社交媒体网站 Facebook 上线。

2007：Dropbox 作为一种基于云的服务被发布，它可以提供方便的数据存储和文件访问。

2009：谷歌使用搜索查询数据帮助美国疾病控制和预防中心跟踪 H1N1 病毒的传播。

2011：苹果推出了 Siri，这是一款语音激活的个人助理，它可以理解和处理人类语言请求，成为 iPhone 4S 智能手机的一项特色功能。

2017：截至 2017 年第四季度，Facebook 已经拥有 22 亿月活跃用户。

目 录

什么是大数据？

我们每天都会听到"数据"这个词，例如，商家利用数据来销售产品，城市需要数据来规划未来，科学家通过实验产生数据。但是，什么是数据呢？

数据是信息碎片的集合。它表示我们对世界已知的、能够度量的知识。自从人类开始计数并且能够记录我们的发现开始，数据就已经存在于我们的生活中。这意味着，我们已经产生和使用数据很多个世纪了。例如，当古罗马政府想对罗马帝国中的老百姓征税时，他们就使用了数据！通过统计罗马帝国的人口，古罗马政府就收集到了他们制订税收计划所需要的数据。

自计算机问世以来，数据以惊人的速度不断积累。今天，全世界已经蓄积了巨量的数字数据和信息，并且每秒钟都还在增长！这些数据包含了人们怎么花钱、去哪里、播放什么音乐等信息。我们已经进入了大数据时代。

核心·问题

数据以什么样的方式影响你每天的生活？

1

数据：关于事物的事实描述和观察结果。

数字数据：与计算机技术应用相关的概念，用数字来表示的数据。

大数据：规模庞大而又结构复杂的数据集合。

非营利组织：受捐赠支持的机构，主要任务是为人、动物、环境或其他事业提供帮助。

人口普查：采集和记录特定范围人口信息的过程。

社会服务项目：旨在促进社会福利的计划，如为贫困人口提供食物和住房。

数据来自哪里?

当你听到"数据"这个词时，你想到了什么？很多人想到了科学实验。他们会想起实验室中的测量操作，并记录下他们称之为数据的所有观察结果。

科学家做实验时确实会产生数据。他们不仅记录了定量的事实，还记录定性的事实。

但是，科学研究只是数据的一个来源。

许多不同的组织每天收集数据，从企业、政府到非营利组织和学校。例如，医院会产生有关疾病、患者和诊疗的数据；企业在生产产品、提供服务和向客户推销产品时会产生数据；政府也能从诸多来源中产生数据，如人口普查、税务申报和社会服务项目等。

你在每天的日常生活中也会产生数据。当你去购物时，你会产生你购买物品的数据。当你听音乐的时候，你会产生你喜欢什么类型的歌曲的数据。手机、计算机和健身追踪器也都会产生数据，包括你去过哪里、你给谁发过短信、你访问过哪些网站，以及你每天步行了多远的距离。想想看，你做的事情是不是产生了许多数据？

你知道吗?

美国的麻省理工学院正在利用一些手机数据进行一项研究，其中涉及人们的住房位置和交通方式，以更好地进行城市规划。

数据的力量

许多组织以创新的方式使用数据来帮助创造新的产品，从而改善世界各地人们的生活质量。其他人利用数据获取经济利益。数据可以用于许多不同的目的。与此同时，当今世界数据的丰富性也带来了新的问题。

比如，计算机科学家想知道我们是否有足够的空间来容纳每天创建的海量数据。如果管理和使用得当，数据能造福全世界。

数字数据

根据计算机软件公司DOMO的《数据永不眠2017》调查报告，数字世界正在产生的数据量大得令人难以置信。让我们看看每分钟都有哪些信息从何而来：

❯ 天气频道：
每分钟1805555556个请求

❯ 短信：
每分钟15220700条短信被发送

❯ 谷歌（Google）：
每分钟3607080次查询

❯ YouTube：
每分钟4146600个视频被浏览

❯ Instagram：
每分钟46740张照片被上传

❯ 推特（Twitter）：
每分钟456000条推文被发送

大数据

随着我们的日常生活越来越多地被连接到计算机上，越来越多的数据被要求通过计算机进行处理。

过去，商业企业曾建造巨大的装满计算机的仓库，这些计算机唯一的工作就是存储信息。但是，这种方式不仅成本高而且不是很高效。

当前，数据存储技术的新进展已经减少了对商业企业存储数据量上的限制。但是，这对用户意味着什么呢？人们是需要所有被保存的信息，还是仅仅因为我们具有存储的能力，就保存了这些我们不会再使用的数据呢？

除了存储，其他的困难仍然存在。我们是否拥有捕获、处理和共享所有这些信息所需的各种工具？在一个日益网络化的世界里，我们如何保证我们的数据安全，保护我们的隐私？

在本书中，你将探索数据、计算机和人之间的关系。你将了解数据的历史，从纸张到计算机的转变，以及像谷歌这样的搜索引擎在数据处理中的作用。你将了解数据管理对想要访问数据的人意味着什么，以及大数据对科学、学校和政府的影响。准备好了吗？我们即将开始收集数据！

你知道吗？

零售业巨头沃尔玛每小时可以处理超过100万笔客户交易，而每笔交易的数据都会被发送到数据库。

工程设计过程

　　每个工程师都会有一个笔记本，用于记录他们在工程设计过程中的想法和步骤。当你阅读这本书并参与课程活动时，请在工程设计本上记录你观察的情况、数据以及设计结果。当你参与一项活动时，请记住，处理任何一个项目并没有所谓的正确答案或正确方法。请保持创新和快乐！

　　问题：我们正在试图解决什么问题？

　　研究：有什么发明创造有助于解决该问题？我们能学会什么？

　　问题：对设备有什么特殊要求吗？例如，一辆必须在一定时间内行驶过一定距离的汽车。

　　头脑风暴：为你的设备画很多设计图，列出你正在使用的材料。

　　原型：构建你在头脑风暴中绘制的设计。

　　测试：对原型进行实验并记录你的观察。

　　评估：对实验结果进行分析。你需要对原型进行调整吗？你需要换一个不同的原型实验吗？

　　本书的每一章都从一个核心问题开始，有助于引导你对大数据的探索。在开始读某章内容前，请先将问题记在脑海里，然后在该章的结尾，在你的工程设计本上记录下你的想法和答案。

数据在哪里?

世界随处可以发现数据。你每天都在产生你自己的数据——在家里,在学校,在工作中,在和你的朋友一起玩耍时。在这个活动中,需要你收集关于你和他人的数据。然后,你将使用采集到的数据来获取有价值的信息。

▶ **开始,请找一个搭档**——同学、朋友或者家庭成员——他应该愿意和你一起参与到活动中。与你的搭档一起,对你们自身的数据源进行头脑风暴。这里是关于数据源的一些想法:

※ 你能从某个人的手机中发现关于他的哪些数据?

※ 你能从某个人的日程安排和活动中发现关于他的哪些数据?

※ 你能从某个人的计算机日志中发现关于他的哪些数据?

※ 你能从社交媒体网站上发现什么数据?

▶ **既然你已经明确了几个数据源,那么你和你的搭档就可以从中选择三个数据源来收集对方的相关数据。** 请确定记录这些数据的方式——手工记录、电子表格记录或者用 Word 文档记录。请收集并记录你们的数据。

▶ **一旦你收集到了相关数据,你们能够利用这些原始数据做些什么呢?** 原始格式下的数据是否有意义呢?为什么有或者为什么没有呢?

▶ **你们该如何整理这些数据以使它们更加有用呢?** 从你们收集的数据中,你们能了解到什么信息呢?例如,你能够使用这些数据发现你的搭档的爱好、最喜欢的网站或最喜欢的电视节目吗?这些信息能告诉你关于你的搭档的哪些事情呢?这些信息准确吗?

思考一下!

随着越来越多的设备在线和离线收集有关你活动的数据,你认为这可能会导致哪些问题。谁在观察并控制这些数据,他们应该被要求如何处理这些数据呢?

* STEM:是科学(Science)、技术(Technology)、工程(Engineering)和数学(Mathematics)四门学科教育的总称。

设计一次投票活动

我们时常通过投票或者问卷调查来采集数据。每次投票或问卷调查都会向人们询问关于某一话题的看法。在本项活动中，你将设计并实施你自己的投票活动。

▶ **首先，头脑风暴出一个投票主题。** 人们会对各种各样的话题进行投票，从运动、爱好到政治、金融。所选择的主题应该是有意义的，投票的结果应该能够为你提供可用来制定决策或回答问题的数据。

▶ **一旦你选择了一个投票主题，请思考下面的问题。**

※ 为什么你选择这个投票主题？　　　　※ 你想回答什么问题？

※ 你需要什么类型的数据和信息来回答你的问题？　　　　※ 你要收集的是什么类型的数据？定性的还是定量的？

▶ **创建投票问题列表。** 你可以使用多选、判断、等级评分或填空等多种形式。然后，找出一个愿意参与投票活动的 20 个人的组，发给他们投票。最后，回收投票结果。

▶ **当所有参与者完成投票后，对投票结果进行整理和分析。** 你能从投票活动中了解到哪些信息？投票结果是否提出了新的问题？

思考一下！

在某些情况下，投票结果可能是不准确的。你认为这是怎样发生的？你认为你收集的投票结果准确吗？你能做些什么来确保投票结果的准确性？

第一章

数据来自哪里?

世界到处都有数据。你观察过在购物中心遇见的人吗?你在社交媒体上发布过照片吗?你是否向谷歌硬盘上传过你的作文?所有这些操作都包含数据。那么,数据究竟是什么,它来自哪里?

简单地说,数据就是各种客观事实和统计值的集合。通常,我们采集客观事实是用于后续的参考或分析。数据无处不在!你的棒球队最后一场比赛的统计数据,是数据。你昨天交的数学作业,也是数据。你的医生在你最后一次体检时对你的检测值,则数据更多。就连你用于描述一周来的天气的笔记都是数据。数据反映了我们对周围世界的认知。

核心·问题

你生活中的哪些领域包含数据?

数据类型

要知道的词

统计：收集大量数据并进行分析的实践操作或科学。

　　一般有两种类型的数据——定量数据和定性数据。定量数据由可以用数字度量和记录的事实组成。你的身高、体重和头发的长度都可作为定量数据的例子。它们都可以用数字记录和报告。

　　定性数据是关于事物特征的事实。这些事实可以描述，但不能用数字来度量或报告。你的头发颜色和宠物狗的毛发光滑度都可作为定性数据的例子。

　　虽然你不能用数字来度量它们，但是你可以描述它们的特质。

　　让我们看以下这些例子。它们是定量还是定性的数据？你可以在第12页检查你的答案是否正确。

1. 一只狗的年龄
2. 你餐桌的椅子数量
3. 你家房间地毯的颜色
4. 你钱包中钞票的数量
5. 你洗发水的气味

　　政府会收集生活在本国的每个人的定量数据。这些数据为什么会有用？

要知道的词

监控：对事物或者人进行监视或者跟踪。

搜索引擎：根据用户的需求，将指定信息提供给用户的一种程序。

字节：可作为一个操作单位的一小组相邻的二进制数码。通常是八位作为一个字节。是可以被独立处理的信息单位。

精算师：从事数字和统计工作的商业人士。

保险：一种预防损失的方法。

数字数据加速

在数字时代，数据的生产进入了快车道。技术成为数据增长最大的推动力之一。随着功能更强大、价格更实惠的数码设备被推向市场，它们正在以前所未有的速度产生数字数据。健身跟踪器、GPS设备、笔记本电脑、平板电脑、智能手机和智能手表都是典型的能够产生数字数据的设备。带有内置监控系统的设备也可以产生有关设备性能、使用情况和维修历史记录等数据。

我们自己也可以通过信用卡购物、使用在线搜索引擎、社交网络和共享在线视频来产生各种数字数据。企业和政府每天也在通过很多数码工具来产生数据，如在线安全摄像头、电子记录存储、电子邮件、自动化生产和制造系统等等。

数字数据正在以令人难以置信的速度产生。

根据一些估计，当今世界90%的数据都是在过去两年内产生的！

目前，我们平均每个人每天至少要使用的数十台连接设备，一天就能够产生大约250亿字节的数据。

例如，在2000年斯隆数字天空勘测计划（Sloan Digital Sky Survey）——一个太空望远镜勘测项目——开始的时候，它在新墨西哥州的望远镜几周内采集到的数据就比历史上所有的天文学数据都多。

随着世界数字化程度的提升，未来几年将会有越来越多的数据产生。从社交网站的推送、点赞到评论、分享，预计今后很长的一段时间内，数字世界都将充斥着各种数据。

使用数据

我们能用这些数据做些什么呢？收集数据是一回事，但是，要使数据得到很好的利用则会困难得多。多年来，人们通过测量、收集、处理和分析数据获得了大量的信息。各国政府都采集了人口普查数据，用于相关计划的制订。

被称为"精算师"的商业人士也收集了有关风险的数据，用于保险产品的设计。科学家们对数据进行收集和分析，以便更好地理解我们周围的世界。

涡状星系图片
图片来源：Sloan Digital Sky Survey (CC BY 2.0)

大数据

要知道的词

全球定位系统（GPS）： 由卫星、计算机和接收器组成的系统，它通过计算不同卫星的信号到达接收器的时间差来确定接收器在地面的经纬度。

数据点： 有助于产生更丰富语义的信息。

原始数据： 未经任何方式分析处理的事实。

已处理的数据： 以某种方式对采集的事实进行编辑或者清理，由此得到的数据。

离群值： 集合中与其他数据点有很大差别的数据。

在当今数字时代，我们比以往任何时候更多地使用由数据创建的信息。

数据影响着我们的生活方式。你是否曾在手机上利用全球定位系统（GPS）或手机地图来寻找去朋友家或商店的方向？GPS 以方向的形式提供信息。这些方向是基于数据产生的。数千份报告和地图会被 GPS 设备扫描并用作数据点，由此产生准确的方向。

你上次去看医生是什么时候？你的就诊记录可能已经被输入计算机并创建了电子病历。有了电子病历的帮助，

你知道吗？

有些 GPS 设备甚至使用实时数据，如交通和事故报告，以提醒驾驶员前方可能需要减速。

第9页的答案：

1. 一只狗的年龄（定量）
2. 你餐桌的椅子数量（定量）
3. 你家房间地毯的颜色（定性）
4. 你钱包中钞票的数量（定量）
5. 你洗发水的气味（定性）

医生和其他医学专家只需在键盘上点击几下就可以查阅出你的既往病史。他们可以使用这些数据对他们的病人进行诊断和治疗。这些存储的电子数据也使得医生比较不同病例时更加方便，可以更快地对病情趋势做出判断，发现潜在的有效治疗方法。

原始数据与已处理的数据

并非所有的数据都是一样的。有些数据是原始数据，自收集以后便再没有被更改过。当原始数据以任何方式被编辑、清理或修改时，它就成为已处理的数据。在某些情况下，人们会在分析数据时，先消除原始数据中的离群值或其他可能影响结果的错误数据。

例如血压这样的数据，可以由医生或护士测量记录并以电子化的方式保存下来。保存医疗记录是很重要的，这样可以帮助医生做出明智的医疗决策。

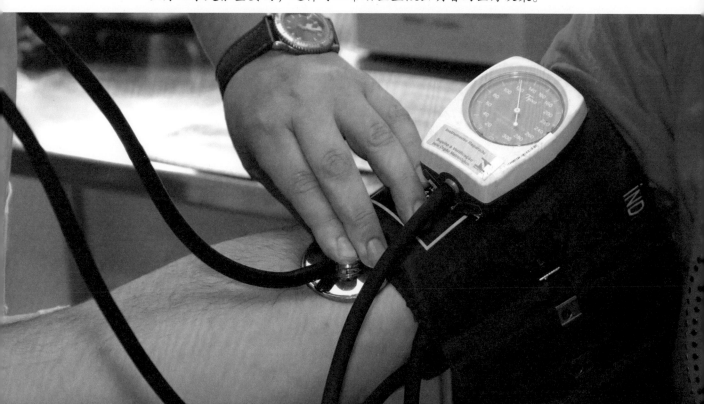

你喜欢流媒体音乐吗？像 Pandora 和 Spotify 这样的流媒体服务会根据数据向你推送你可能喜欢的音乐。每当你跳过一首歌或表现出对某首歌喜欢的时候，系统就会创建一个数据点。流媒体服务就是在其订阅者中收集和分析这些数据点。他们使用这些数据来产生你最喜欢哪种音乐风格的信息。

很多人佩戴了健身手环或健身手表。

这些可穿戴设备会收集你日常活动的数据。它们记录的数据包括你走了多少步、爬了多少级楼梯、睡了多久、坐了多久未动等等。这些可穿戴设备背后的服务系统会对这些数据进行分析，为你提供有关健康的信息。有时，用户甚至可以将自己的数据与其他用户的数据进行比较，通过这种比较来了解自身的健康状况。

你知道吗？

有朝一日，可穿戴设备可以直接向你的家庭医生发送数据，让他们定期参与你的健康管理。

许多年前，诸如显微镜和望远镜这样的发明为人们打开了前所未见的新世界。从那时起，我们显著加深了对微观世界和宇宙的理解。同样地，数据采集与分析方面的新发明也会为世界各地的人们带来新的信息，帮助我们更好地了解我们周围的世界。

学校里的定量和定性数据

数据可以是定量的，也可以是定性的。在本活动中，你将探索如何在决策中使用定量和定性数据的方法。

▶ **在学校里，教师可以用几种不同的方式对学生进行评估：**等级评分、家长会、平均成绩、档案资料、行为规范、自我评价、教师评定等等。哪些是定性的，哪些是定量的？请制作一张图表，对每种评估方法进行分类。

▶ **接下来，考虑一个理想的学生评估系统。**你认为老师评价学生最好的方法是什么？请思考以下问题：

※ 只使用定量数据对学生进行评估，有什么优点和不足？

※ 只使用定量数据对学生进行评估，老师可能会错过哪些信息？

※ 只使用定性数据对学生进行评估，有什么优点和不足？

※ 只使用定性数据对学生进行评估，老师可能会错过哪些信息？

尝试一下！

设计一个理想的学生评估系统。你会使用定量数据或定性数据，还是两者兼而有之？

探索天气数据

你住的地方天气如何？天气数据是来自你周围世界的一种数据。它可以用很多方法来测量和描述，包括温度、降雨量、风速和湿度水平。每一次测量都是一份可以通过各种方式使用的数据。

▶ **首先，你需要选择两个城市以及你自己所在的城市。**你将要收集这三个城市两周内的天气数据。

▶ **连续两周，每天使用互联网和本地数据源收集气象数据。**可以考虑收集以下类型的数据。

※ 气温　　　　　　　　　　※ 气压

※ 风速　　　　　　　　　　※ 天空状况：晴天、阴天、雨天

※ 湿度　　　　　　　　　　※ 风向

※ 降水类型以及降水量

▶ **气象学家和其他科学家使用图表来发现气象数据的趋势。**为每一类气象数据创建图表，对来自三个城市的气象数据进行对比。

※ 折线图可以显示数据逐步变化的过程，有助于展示两组数据之间的关系。为每个城市创建一个单独的折线图，包括温度和风向数据。再创建另一组折线图，对比不同城市的气压和时间之间的关系。

※ 饼状图可以用于显示数据的频率。使用饼状图展示每个城市不同天空状况的频率。

※ 柱状图可以用来比较数据，并显示事物如何随着时间发生变化。使用降水数据，为每个城市创建一个柱状图。

要知道的词

湿度：空气中水汽的含量。

▶ **现在你已经组织好了你的气象数据**，你可以用它分析出关于这三个城市的天气的有用信息了。使用图表，思考以下问题：

※ 你如何描述每个城市的气温变化？

※ 每个城市的最高温度和最低温度是多少？它们分别发生在什么时候？

※ 每个城市的平均气温是多少？

※ 哪个城市的晴天最多，哪个城市的阴天最多和哪个城市的雨天最多？

※ 天空状况和气温之间有关系吗？

※ 风向和气温之间有关系吗？

※ 每个城市哪一天的降水量最大？哪一天的降水量最少？

※ 近两周每个城市的降水总量是多少？

※ 每个城市的气压是如何变化的？你发现了什么趋势？

※ 气压和第二天的天空状况之间有关系吗？

▶ **数据能够帮助我们更好地了解我们周围的世界。**你怎样才能利用收集到的数据更好地了解你所在的城市，以及你追踪的其他城市的天气情况？你能用这些信息做什么呢？

你知道吗？

根据吉尼斯世界纪录大全，科学家南希·奈特于1988年在显微镜下发现了两片完全相同的雪花。从那以后，人们一直在争论这些雪花究竟是完全相同，还是存在足以使它们彼此不能精确匹配的差异。

尝试一下！

你怎样才能利用你的气象数据，来预测未来的天气？根据你在本次活动中完成的图表和数据分析，你了解到哪些信息，可以帮助你预测你所在城市的天气？

第二章

从纸张到计算机的转变

我们现在生活在一个拥有大量数字数据的世界里，但是在电脑发明很久以前，人们就已经开始收集数据了。一些最早的数据记录可以追溯到公元前5000年，当时苏美尔人用陶珠来记录待售的货物。

5000多年前，生活在美索不达米亚的人们发明了一种文字系统，于是他们能够记录和交流数据。一些最早的文字是象形文字，它使用图画来表示一个单词或者短语。人们通过画象形文字来记录有关农作物和税收的信息。随着时间的推移，这些象形文字演变成了楔形文字。美索不达米亚的抄写员用楔形文字在泥板上记录日常事件、贸易、天文学等方面的数据。这是世界上最早的一些被记录下来的数据！

核心·问题

如果我们仍然用笔和纸来记录我们所有的数据，设想一下世界会是什么样子？

早期纸质记录

大约在公元 1 世纪，古代中国发明了纸，它很快成为数据记录的首选。人们在纸片上小心翼翼地手写记录、记述数字等。如果要记录的数据不是很多，这种方法也不算太糟糕。

如果一个村子里只有几百人，那么用纸写下他们每个人的名字以及有关他们财产和土地的具体信息并不难。但是，如果是一个居住了成千上万人的城镇呢？那就需要大量的书写和大量的纸张！

要知道的词

苏美尔人：生活在古代美索不达米亚（即今天的伊拉克和科威特地区）的人。

美索不达米亚：一个位于底格里斯河和幼发拉底河之间的古老文明发源地，今天是伊拉克的一部分。

象形文字：最早的书面语言符号，基于图画而非字母。

抄写员：手工抄写书籍、信件和其他文件的人。

楔形文字：由古代文明创造的楔形文字系统。

纵观历史，最早的数据采集活动之一就是人口普查。人口普查是对人口信息的官方统计。社区利用人口普查来收集居民的相关信息。除了统计居民人数外，人口普查人员还记录了人们的具体信息，比如他们是男是女，已婚还是单身。在古埃及和古代中国，曾经都进行过人口普查。

现存最早的纸质书籍——《譬喻经》，大约公元前 250 年印刷

要知道的词

估算：对某物的价值、大小或成本形成一个大致的概念。

佃户：为使用他人拥有的土地或房产而支付租金的人。

十进制：以 10 为基数的数字系统（数字 0 到 9）。

穿孔卡：一种卡片，通过在卡片上打孔来向机器或计算机提供指令。

制表：用系统的方式统计、记录或列举数据。

1085 年，英国国王"征服者"威廉派人对英国人口、土地和财产进行了调查。他想知道英国人拥有的土地和财产的相关数据，这样他就可以估算出他可以向他们征收多少税。用了大约一年时间，王室代表跑遍全国收集英国民众的相关数据。他们

你知道吗？

最早的计数方法之一就是使用人的手和手指计数，它最多能够数出 10 个对象。

将这些数据手工记录在超过 900 页的两本巨著《末日审判书》和《土地赋税调查书》中，他们一起对英格兰和威尔士部分地区的 13000 个地方的土地所有者、佃户、牲畜、建筑物和其他项目进行了广泛的登记。而欧洲还从未进行过如此大规模的调查。

用算盘计数

算盘是最早用来帮助人们计数的工具之一。算盘由一个固定着一些直柱的框架组成，直柱上串着一些可以滑动的算珠。这些直柱代表数字中的十进制位。计数时，操作者就移动算盘上的算珠。算盘也可以用于简单的数学计算，如加法、减法、乘法和除法。

人口普查不仅费时而且代价高昂。即使花了几个月对人口及其财产的数据进行采集，人口普查员也无法做到准确地统计出每一个人和物。这些数据只是一个估计值。不过，这总比没有数据要好！

使用穿孔卡

19 世纪末，美国人口迅猛增长，以至于美国人口普查局的工作进程已经跟不上持续增长的数据量。对 1880 年人口普查的纸质记录进行的手工统计，花了 8 年时间才完成！当这些数据准备好时，

1940 年，一位妇女用穿孔卡进行美国人口普查

它却已经过时了。更糟糕的是，人口普查局预计对 1890 年的人口普查记录的统计需要 13 年才能完成。数据采集和统计的时间太长，会导致统计结果失去作用。

为了寻求解决办法，美国人口普查局联系了美国发明家赫尔曼·霍勒瑞斯（Herman Hollerith，1860—1929）。霍勒瑞斯设计了一台机器，它使用穿孔卡，可以自动将人口普查数据制成表格。这种电子制表机器利用每张卡片上孔的位置来记录和统计数据。

21

要知道的词

工业革命：开始于 18 世纪末期的一个时间段，当时人们开始在大工厂里用机器生产物品。

复写：在两张或多张纸之间用复写纸精确复制文档。

你知道吗？

塞缪尔·兰亨·克莱门是最早使用雷明顿打字机的人之一，他的另一个身份是知名作家马克·吐温。你读过他的书吗？

霍勒瑞斯的制表机被用于 1890 年的人口普查，取得了巨大的成功。这些机器缩短了 1890 年人口普查数据的处理时间。然而，尽管比上一次人口普查要快，但这仍然需要一个漫长的过程。在美国，每个人都要填写一张纸质表格。然后，人口普查人员将这些表格上的数据，通过在卡片上打孔的方式，搬移到数百万张卡片上。接下来，他们将这些卡牌堆叠在一起。最后，用制表机读取卡片，统计并记录下人口普查数据。

美国办公设备

工业革命用工厂工作的机会吸引了更多的人到城市来生活和工作。于是，企业获得了发展，政权得到了增强。随着这些增长，可获得的数据量也在增加，从人口普查数据和税收记录到销售额和客户列表。人们需要能够在合理的时间内完成大量数据收集和处理的新方法。

在美国，出现了几类用于更快、更高效处理数据和信息的办公设备。打字机、加法器和穿孔卡会计设备出现在全美各地的办公室里。

20 世纪早期的打字机

有了打字机，文件就可以非常方便快捷地制作出来。

现在，办公室需要一种新的方法来保存所有的这些纸质记录。在打字机发明之前，办公室工作人员会将手写的文件存放在书信簿中。办公室职员需要用手写的方式，为所有发出或者接收到的信件制作一份长期副本存放到书信簿中。随着打字机和复写本的问世，不再需要上述过程。

处理数据的工作也落在了另一种办公设备——加法器上。最早的加法器之一，被称为四则运算器（The Arithmometer），由法国发明家查尔斯·泽维尔·托马斯·德·科尔马（Charles Xavier Thomas De Colmar，1785—1870）在1820年发明。

古腾堡的信息革命

欧洲在15世纪中叶以前，书籍中的数据和信息或是采用雕版印刷的方式印刷，或是采用手工抄写的方式仔细制作副本。这两种方法都非常耗时，导致欧洲的书价很高，以至于大多数人都买不起。15世纪中叶，一位名叫约翰内斯·古腾堡（约1400—1468年）的德国工匠尝试用不同的方法来加速印刷过程。1439年，他发明了一种活字印刷机器，能够自动将油墨从活字印刷机上印刷到纸张上。由此，书籍得以被大规模生产，对许多人来说信息变得更易获取。

瑞士艺术家乔斯特·安曼（Jost Amman，1539—1591）的木刻画，图中展示了活字印刷机早期版本的样子

差分机：一种早期的计算机，由英国人巴贝奇提出，并于1822年制造出可动模型。

分析机：由英国人查尔斯·巴贝奇设计的一种机械式通用计算机，使用打孔纸带输入，采用十进制计数。

到19世纪末，办公室需要更快的加法器。与此同时，银行也需要对输入的数字能够保留持久性的书面记录。为了解决这些问题，两位发明家——道·E.费特（Dorr E. Felt，1862—1930）和威廉·S.伯露菲（William S. Burroughs，1855—1898）发明了新的加法器，一个使用打字机一样的按键来输入数据，一个能在数据输入时将数据打印出来。

巴比奇的设备

我们已经了解到一些办公设备可以使得记录和处理数据变得更容易一些，那么计算机又是什么时候出现的呢？计算机并不是某一个发明家的杰作。相反，有许多人参与了我们今天所知的计算机的建造工作。

早在19世纪，一位名叫查尔斯·巴贝奇（Charles Babbage，1791—1871）的英国数学教授设计了一台可以进行计算的机器。当时，科学、工程和航海都需要使用数学表格进行计算。而巴贝奇的差分机可以通过摇动手柄驱动，计算并打印出数学表格。后来，巴贝奇还设计了他称之为分析机的机器，它能够用穿孔卡编程执行。但是，巴贝奇

美国加州计算机历史博物馆展出的差分机模型，是根据查尔斯·巴贝奇的一个设计方案制作的

图片来源：Jitze Couperus（CC BY 2.0）

的分析机最终并没有被制作完成，因为英国政府在 19 世纪 40 年代决定停止对他的项目进行资助。尽管如此，巴贝奇的机器仍然被认为是最早的机械计算机之一，后来它又被艾达·洛夫莱斯进一步改进。

电子计算机

阿塔纳索夫 – 贝瑞计算机（ABC）是最早的电子计算机样本之一。1939 年至 1942 年间，在爱荷华州立大学，约翰·文森特·阿塔纳索夫教授（John Vincent Atanasoff，1903—1995）和研究生克利福德·贝瑞（Clifford Berry，1918—1963）致力于制造电子计算设备。阿塔纳索夫和贝瑞研发了一种可以处理复杂数学运算并能同时完成 30 个操作的计算机。但在计算机最终完成之前，美国参加了第二次世界大战，ABC 计算机的研发工作也被迫停止了。即便如此，ABC 计算机的发展也为未来的电子计算铺平了道路。

艾达·洛夫莱斯

奥古斯塔·艾达·拜伦生于 1815 年，是著名诗人拜伦勋爵的女儿。她的母亲——拜伦夫人，曾经学过数学，她坚持要求艾达也接受这门学科的教育，这对 19 世纪英国的女性来说可是一件不同寻常的事情。17 岁时，艾达在一次聚会上认识了发明家与数学家查尔斯·巴贝奇。她对巴贝奇展示的一部分差分机进行了观察，那是一台可以进行数学计算的机器，她对此非常着迷。几年后，婚后已成为洛夫莱斯伯爵夫人的艾达，将一篇介绍巴贝奇的分析机的论文翻译成英文，并在译文中加入了大量她自己的注释。

艾达的笔记包括对解决某些数学问题的一系列操作的描述，有些人认为这就是可以被机器执行的第一个算法。由于这个原因，她被称为世界上第一位软件程序员。艾达还设想计算机并不仅仅只能用于数学计算，她还对能够以数字形式操作从音乐到图片等各类信息的机器进行了展望。1979 年，美国国防部以艾达·洛夫莱斯的名字命名了一种新的计算机编程语言——"Ada"。

要知道的词

轨迹：物体在空间中移动所形成的线路。

真空电子管：一种看起来像灯泡的电子元件，在早期的计算机和其他电器设备中它被当作开关使用。

电容器：用于储存电能以备将来需要的装置。

继电器：一种用来开合电路的装置。

ENIAC

从1939年到1945年，第二次世界大战在欧洲和太平洋战场上肆虐。战争引发了新技术的发展，主要用于军事目的。

美国军方希望能够提高炸弹、导弹的速度与其运行轨迹的计算速度。于是，宾夕法尼亚大学的两位教授——约翰·莫奇利（John Mauchly，1907—1980）和约翰·普雷斯伯·埃克特（J. Presper Eckert，1919—1995），开始研究一种可以进行这些运算的高速电子计算设备。他们把它取名为电子数字积分计算机（ENIAC）。当1946年该机器建造完成时，ENIAC竟然占满了一个1500平方英尺（约140平方米）的房间！这台巨大的机器包含18000个真空电子管、10000个电容器、6000个开关和1500个继电器。

当ENIAC完成时，战争已经结束。但是，ENIAC还是被当作陆军部队的主要计算设备继续服务了十年。以前在手持计算器上需要花费12个小时的计算，ENIAC在30秒内就可以完成。

在20世纪40年代末，ENIAC团队顾问约翰·冯·诺依曼（John Von Neumann，1903—1957）又研发了一种新的计算机。新的离散变量自动电子计算机（EDVAC）采用了存储程序原理，它允许程序被读入计算机。这

你知道吗？

ENIAC的主要程序员是凯·麦克纳蒂、贝蒂·詹宁斯、贝蒂·斯奈德、马琳·韦斯科夫、弗兰·比拉斯和露丝·利希特曼。这六位女性的开创性工作直到50多年后才得到认可。

标志着通用计算机的开始。

　　ENIAC 和 EDVAC 证明了制造计算机的可能性。它们的成功研发鼓舞了其他科学家和工程师去建造更好的计算机。随着时间的推移，计算机变得体积更小，功能更强，价格也更便宜。

五代计算机发展史

　　与早期房间大小的计算机相比，如 ENIAC 和 EDVAC，你放在背包里的笔记本电脑差异非常大。计算机已经发生了巨大的变化和进步。回顾过去，大多数专家会将计算机发展史划分为五代。每一代都会因为一项发明或技术进步，而推动计算机的工作方法发生显著的变化。

UNIVAC

　　1952年11月5日，美国人通过电视来了解艾森豪威尔将军（Dwight D. Eisenhower，1890—1969）和伊利诺伊州州长阿德莱·史蒂文森（Adlai Stevenson，1900—1965）之间的总统选举结果。哥伦比亚广播公司新闻主播沃尔特·克朗凯特的办公桌旁放着一种名为UNIVAC的新技术模型，即通用自动计算机，旁边是它的发明者约翰·普雷斯伯·埃克特（J. Presper Eckert，1919—1995）。他们解释说，他们将使用这台机器来预测选举结果。在此之前，海军数学家格雷斯·默里·霍珀（Grace Murray Hopper，1906—1992）和她的团队已经将之前选举的投票统计数据输入UNIVAC，并编写了基于先前选举数据预测选举结果的计算机程序。虽然许多全国性的民意调查都预测史蒂文森会赢，但UNIVAC在只清点了百分之五的选票数据情况下，预测艾森豪威尔会获胜。最终的结果是，这个预测是对的！艾森豪威尔赢得了那次的选举。

大数据

第一代计算机（20 世纪 40 年代初至 50 年代末）采用真空电子管构建电路，磁鼓用来存储。这些元器件导致第一代计算机体积庞大。一台电脑就可以占满整个房间。由于这些元器件需要消耗大量的电能，频繁地发生故障，因此其运行成本也非常高昂。

第一代计算机使用的是机器语言，这是一种基本的编程语言，每次只能解决一个问题。数据通过穿孔卡和纸带输入。计算机将输出的结果打印在纸上。ENIAC 和 UNIVAC 就是典型的第一代计算机。

20 世纪 40 年代末，贝尔实验室的研究人员开发出了晶体管。晶体管是一种调节电子信号和电能流动的装置。第二代计算机（20 世纪 50 年代末到 60 年代中期）用晶体管取代真空电子管，实现机器中的电流传导。与真空电子管相比，这是一个巨大的进步，因为晶体管可以使计算机变得更小、更快、更便宜，而且耗电量更低。

ENIAC 计算机占据了整个房间！

图片来源：U.S. Army

在这个时期，编程语言也得到了改进。符号汇编语言允许程序员用词语而不是二进制 0 和 1 来创建指令。

20 世纪 50 年代末，第一个集成电路问世。集成电路是微小电子元器件的集合，如电阻、晶体管和电容等，所有的这些电子元件彼此互联，被放置在一个用半导体材料制成的微型芯片上，如硅。集成电路具有与独立电子元件组成的大型电子电路相同的功能。

集成电路促进了第三代计算机的出现（20 世纪 60 年代至 20 世纪 70 年代）。集成电路可以使工程师研发出比之前更为强大的计算机。与此同时，计算机体积也进一步变小，价格也更便宜。此外，这些计算机配有键盘和显示器，它们可以和计算机的操作系统进行通信。与过去的穿孔卡输入和打印输出相比，这是一个显著的变化。计算机还可以同时运行多个应用程序，而中央操作程序会监控计算机内存的使用。

20 世纪 70 年代初，美国科技公司英特尔开发了 Intel 4004 芯片。这种微型芯片又促使第四代计算机的出现。

你知道吗？ 采用晶体管的第二代计算机是第一批使用磁芯技术，将指令存储到存储器中的计算机。

并行处理

直到近些年，大多数计算机都还是串行计算机。它们只有一个处理器芯片，芯片上也只有一个处理器。这种计算机一次只能执行一个程序的一个步骤。2008年后，大多数新计算机在一个芯片上已经有多个处理器，这就允许计算机进行并行处理。在并行处理过程中，多个处理器会将一个程序的指令分开执行。这使得计算机运行程序的速度更快。

中央处理器（CPU）：计算机中用于控制和执行指令操作的部件。

微处理器：一种管理信息和控制计算机工作的小型电子芯片。

人工智能：计算机、程序或机器的智能。

协议：控制设备之间数据交换和传输的一组规则。

微型芯片允许计算机制造商将计算机的所有部件——从中央处理器（CPU）到存储器到输入／输出控制器——都放在一个芯片上。这项技术大大压缩了计算机的体积。微处理器的出现使计算机制造商第一次有可能生产出足够小、也可以被买得起的家用计算机。

第五代计算机

目前仍在研发过程中。这些计算机采用了一些令人难以置信的技术，如语音识别和人工智能。你可以问计算机问题，然后马上就能得到答案。工程师们不断研发能够处理和响应人类语言、同时也能自我学习的机器。随着技术的不断进步，计算机也将不断地发展和变化。

你知道吗？

1981年，IBM公司设计了第一款家用计算机，紧随其后的是苹果公司1984年研发的Macintosh计算机。

量子计算机

未来，我们可能会使用量子计算机来处理数据。今天的计算机采用二进制数对数据进行编码，使用值0或1。每个独立的二进制数就是一位（也称为比特，bit）。这些二进制位组成的比特序列向计算机提供指令。量子计算机使用量子比特（qubit）而不是比特来存储信息。量子计算机运行基于量子物理学的两个重要原理，即叠加和纠缠。叠加意味着每个量子比特可以同时表示0和1。纠缠意味着量子比特彼此关联。一个量子比特是0还是1取决于另一个量子比特是什么。量子计算是一个非常新的领域。IBM和谷歌等公司都在致力于量子计算机的研制工作，希望它们能够比现在的计算机速度更快，并能够处理更加复杂的数据。

互联网的诞生

与计算机一样，因特网也不是某个发明家独立发明的。相反，它也是在许多人的努力下发展起来的。1958年，艾森豪威尔总统成立了高级研究计划局（ARPA）。ARPA的目标之一就是要提升美国的计算机科学能力。

在20世纪50年代末和60年代初，计算机被当作体积庞大的计算器使用，而不是通信工具。此外，每台计算机都是独立运行的，也没有计算机网络。如果两台计算机在不同的操作系统上运行，它们彼此就不能通信。

在计算专家和各个大学的科学家的帮助下，ARPA为运行在不同的操作系统上的计算机设计了一种方法，使得它们可以通过网络相互"交谈"。他们把这个网络叫作ARPAnet。设计人员开发了一组网络必须遵循的通用规则和协议，以便计算机之间能够彼此通信。这些早期的ARPAnet协议逐渐演变成许多现代互联网上也在使用的协议。

在20世纪70年代和80年代初，科学家和研究人员将更多的计算机和网络加入ARPAnet。于是，这个在计算机和网络之间的通信系统就变成了互联网。

随着互联网的发展，全世界数以百万计的计算机已经接入网络。早期的互联网只允许人们以小组的

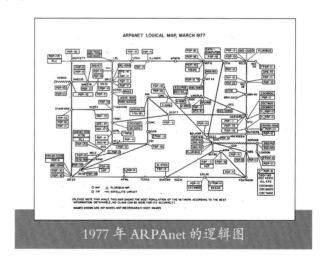

1977年 ARPAnet 的逻辑图

形式通过网络进行交流，而对其他没有使用权限的人则是封闭的。几十年过去了，互联网变成了一个开放的网络，用户人数也随之激增。

1991 年，一位名叫蒂莫西·约翰·伯纳斯利（Timothy John BernersLee，1955 年生）的英国计算机科学家开发了万维网（WWW），这是一个创建、组织和链接文档和网页的系统。伯纳斯利还设计了一个被称为 HTML 的网页编码系统，以及一个能为每个网页分配明确且唯一位置的地址系统，即 URL。

万维网使普通人更容易使用互联网。它简化了互联网上的导航方式，使用户具有了在庞大的计算机网络中寻找自己的浏览路径的能力。今天，我们理所当然地认为我们可以通过平板电脑、智能手机或笔记本电脑，以多种方式查看电子邮件或播放电影。但是，情况并不总是这样！

此外，浏览器和搜索引擎的发展，如 Internet Explorer、Safari 和 Google，帮助世界各地的人们在互联网上搜索信息。现在，互联网已经成为日常生活的重要组成部分，同时也是一个大量新数据的来源。你今天是否已经上网做过什么呢？

既然我们已经知道计算机处理了我们的大部分数据，在下一章中，我们将研究一下使这一切成为可能的硬件和软件。

改变我们生活的方式

　　计算机已经改变了我们的生活方式，与此同时，它们也已经改变了数据的生成、记录、处理和存储的方式。然而，计算机并不是从一开始就能做到所有这些。相反，这是一个持续的过程，许多人开发新技术、提出新想法来改进计算机，才使之成为今天这样强大的机器。

　　▶ **找一些还记得 20 世纪 80 年代情况的人，问问他们那时的计算机是什么样子的。**你可以问下面的一些问题：

※ 他们在家里、学校和工作场所都有计算机吗？

※ 他们是如何使用计算机的？

※ 他们第一次使用计算机的时间和地点？

※ 那时的计算机是什么样子的？他们使用计算机做什么呢？

※ 他们是如何利用计算机做诸如写作、研究、购物和交流这些事情的？

※ 计算机是如何方便他们生活的？计算机又给他们带来了哪些不利的影响？

　　▶ **利用所学知识，制作一个演示文稿，将 20 世纪 80 年代的计算机与今天的计算机进行对比。**展示计算机如何改变了我们的生活方式和处理数据的方式。

思考一下！

　　想一想未来的计算机可能会发生怎样的变化。它们将满足什么新的需求？从今天开始，它们会有什么变化？它们将会有什么不同，又将会有哪些相似？它们会是什么样子？按照你对未来计算机的想法画一个草图。

用象形文字讲故事

象形文字是世界上最早的文字形式之一，单词或短语都是用画出来的象形符号来表示。许多文化都有在洞穴墙壁、悬崖和其他物体表面绘制象形文字来记录数据和信息的历史。几个象形文字组合在一起，就可以讲述一个故事或回忆一个事件。在这个活动中，你需要创建一套自己的象形文字来讲述一个故事。

▶ **首先，从你的日常生活中找出象形文字的例子**。提示：你怎么知道在餐厅里使用哪个卫生间，或者怎么知道前面路上马上就有一个转弯？当你在社交媒体上发送信息或发布帖子的时候，你是否使用过象形符号？列出你发现的所有象形符号。想一想：它们都具有什么含义呢？

▶ **现在，假设你需要向其他人传递数据或信息**。比如你想写下如何制作三明治或者如何在花园里种植向日葵。可以就你想表达的信息，提出各种不同的想法。

▶ **接下来，创建一组象形文字来讲述你的故事**。然后，用海报板、PowerPoint或其他媒介形式制作一个演示文稿，用你设计的象形文字来传递你想表达的信息。

▶ **将你的演示文稿与其他人分享**。让他们写下他们认为的关于你演讲的内容。他们认为每个象形符号都代表了什么？将你的故事和他们的解释进行对比，是否有一些差异呢？是不是有一些象形符号存在不同的人有不同的解释的情况呢？你认为这种情况为什么会发生呢？你认为这种情况会如何影响不同代际之间或者不同文化之间的数据和信息的传递呢？

思考一下！

其他国家用过什么样的象形文字呢？你是否能够理解这些象形文字？在什么情况下，使用象形文字比普通的词汇更有效？

学习计算机发展史

许多历史人物、重要发现和里程碑事件也都是计算机发展史的一部分。从使用算盘计数到设计出第一款计算机游戏，许多人参与到技术创新，才有了今天的计算机。在这个活动中，你将有机会更多地了解你觉得特别有趣的历史人物或重大发现。

▶ **首先，想一下你打算了解的关于计算机和数据历史的某个领域。**你可以从下面的列表中选择一个主题，在父母的允许和帮助下，通过浏览计算机历史博物馆的网站来寻找思路，或者你自己选择一个主题。

* 算盘
* 六名 ENIAC 程序员
* 查尔斯·巴贝奇和艾达·洛夫莱斯
* 第一台 IBM 个人计算机
* 霍勒瑞斯的穿孔卡

* 苹果 Macintosh 计算机
* 格雷斯·霍珀
* 微软 Windows 操作系统
* 巨人计算机
* 谷歌搜索引擎

▶ **在父母的允许和帮助下，利用互联网和图书馆，研究你选择的主题。**为什么你的选题很重要？它解决了什么问题？它对计算机的发展有何贡献？

▶ **制作一个简短的视频或 PowerPoint 演示文稿，分享你学到的知识。**

思考一下！

你选择的主题与我们今天收集、存储和使用数据的方式之间有什么联系？计算机发展史上的这个重大发现或者重要的历史人物，是如何影响今天的数据世界的？

使用穿孔卡保存数据

穿孔卡片是用硬纸做成的，用手工或者机器方式按照设定的图案在纸上打出一系列孔。这些孔的图案就是用来表示数据的。

通常穿孔卡用一列孔来表示一个数字或者字母。每张卡只能保存少量数据。如果你用穿孔卡写一个计算机程序，每张卡只能包含一行代码。穿孔卡必须按序堆放在一起。请注意，卡片的上角会被剪掉，这样就可以很容易地将穿孔卡正确堆叠起来。

在父母的允许和帮助下，你可以上网搜一下霍勒瑞斯制表机的穿孔卡图例。

穿孔卡使人们可以通过将卡片上的数据输入计算机来存储和访问信息。卡片被插入穿孔卡读取器，读取器就会将卡片上的数据输入计算机。穿孔卡读取器从卡片的左上角开始，逐列垂直读取，自顶向下顺着列移动。一旦它读完一列数据，它就移到下一列，重新开始。在本活动中，你将通过制作穿孔卡编码系统，来学习穿孔卡的工作原理。

❱ **设计一种用于表示字母的打孔系统。**写下你的打孔系统的设计。

❱ **选择一个你想表达的句子。**

❱ **使用你的打孔系统，**用打孔器或孔记号笔在索引卡上打孔，用这种方式来翻译你的句子。

❱ **确保你的穿孔整齐有序且放置的位置正确。**

❱ **测试一下，看看你的打孔卡系统的工作情况。**将你写的穿孔码和你制作的索引卡片交给他人看。他们能读懂你的卡片并理解上面的数据吗？如果不能，你能做些什么来改进你的穿孔卡呢？

A	B	C	D	E	F	G	H
•	••	••	•••	••	•••	••	•••
							•••

尝试一下！

　　穿孔卡页还需要传递数字和标点符号信息。你能设计出一个系统在同一张卡上传送不同类型的数据吗？

穿孔卡初现

　　穿孔卡的第一次应用发生在一个与数据管理截然不同的行业领域。1801年，法国纺织工人约瑟夫·玛丽·贾卡尔（1752—1834）设计了一套穿孔卡片系统，该系统可以机械地读取信息并告知织布机应该在布料上编织什么样的图案。为了证明穿孔卡的效果，贾卡尔用10000张打孔卡片对一台织布机进行"编程"，用黑白丝织出了一幅展示他肖像的挂毯。

第三章

计算机怎么存储数据？

当你存放学校的旧文件时，你可能只是把它们胡乱塞进书桌抽屉里，或者将它们压在储物柜底。而在计算机中存储数据则是完全不同的。

计算机使得收集、处理和存储大量数据的工作简单了许多。但是，如果我们不能在需要的时候找到这些数据，那它们又有什么用呢？现在每天越来越多的个人和企业正在摆脱堆满纸质文件的文件柜，以电子化的方式存储这些数据。那么计算机又是如何存储数据的呢？

计算机采取两种方式存储数据。临时存储——通常称为内存——它被用于文档、电子表格的编辑或网页浏览等操作过程中。这些数据只有被软件程序操作时才会被存放在临时存储中。持久存储是用于保存将来会使用的数据的。如果你在编辑了一个文档后又保存它，那么之后你还可以继续打开它工作，因为该文档已经处于长期存储中了。

核心·问题

在没有数据管理系统帮助的情况下，使用数据会是什么感觉呢？

二进制数

要理解计算机存储，你首先需要理解二进制数。在计算机中，每一个数据都以数字的形式进行存储。如果你写了一篇研究论文并将它保存在计算机中，那么其中的每个字母都会被转换成一个数字，甚至一张照片也会被转换成一大组数字。其中的每个数字会向计算机说明该照片的每个像素的颜色和亮度。

我们每天都在使用十进制数字系统（也被称为以 10 为基数的系统），以 10 为基数的系统使用 10 个数字符号——0，1，2，3，4，5，6，7，8，9——来表示数字。如果你需要写一个大于 9 的数字，你可以采用这些数字符号和位权进行组合。位权会为数字中的每个位置确定一个特定的值。在以 10 为基数的系统中，数字中每向左移动一位，就表示增加了 10 的一个幂次。例如，让我们看看下面这个数字中的位权：

2,487,395
百 十 万 千 百 十 个
万 万

如此，只使用这十个数字符号，你就可以写出任何数！

但是，计算机使用另一种不同类型的数字系统——二进制数字系统。二进制数系统是一个以 2 为基数的系统，它只使用两个数字符号——0 和 1——来表示所有值。

1936 年到 1938 年，德国发明家康拉德·祖斯创建了第一台使用二进制数的可自由编程的计算机 Z1。

与以 10 为基数的系统一样，二进制数字系统也使用位权。但是，它们的位权是不同的。在二进制系统中，数字中每向左移动一位，就表示增加了 2 倍（而不是 10 倍）。例如，看看右边这个二进制数。

1001

| 8位权 | 4位权 | 2位权 | 1位权 |

你知道吗?

在二进制数字系统中，每个 0 和 1 都被称为一个"位"（bit）。

这个二进制数有一个 1 在 1 位权，有一个 1 在 8 位权。因此，这个二进制数就是 9。

右表列出了十进制数 0 到 9 的二进制数表示。尽管二进制数会很长，但它们依然可以用来存储任何值。

十进制	二进制
0	0
1	1
2	10
3	11
4	100
5	101
6	110
7	111
8	1000
9	1001

二进制数的历史

在计算机出现很久之前，二进制数字系统就已经存在了。在澳大利亚，土著人使用以 2 为基数的数字系统进行计数。非洲部落也使用高低鼓点的二进制系统进行远距离的信息传送。在 17 世纪，数学家戈特弗里德·威廉·莱布尼兹（Gottfried Wilhelm Leibniz，1664—1716）采用二进制数系统，并展示了如何将其应用于早期的计算机器中。

持久存储

一旦计算机将数据转换成一串二进制数，那么下一步又是什么？计算机会使用数据存储设备来存储这些数据。在许多计算机中，主数据存储设备就是硬盘驱动器。硬盘驱动器允许计算机以一种有组织的方式持久存储数据，这样就可以在你有需要的时候很容易地获取它们。计算机中的硬盘可以为你储存照片、音乐文件和文本文件。

其他时候，你可能会用到一个名为闪存驱动器的数据存储设备来持久存储数据。闪存驱动器是一种小型便携式设备，它不仅可以存储数据而且能够轻松地在计算机之间传输数据。

数据存储设备，如硬盘驱动器或闪存驱动器，就像你卧室里的衣橱。

每个抽屉里都存放了一定数量的衣服，你可以在以后穿。当你需要一件衬衫时，你只需简单地打开正确的抽屉并取出一件来。计算机的数据存储设备也是类似的工作方式，它们将数据存放在特定的位置，以便于查找和使用。这些存储设备采用了不同的技术，包括磁存储技术、光存储技术和闪存技术。

计算机硬盘
驱动器

USB 闪存驱动器

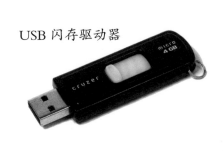

盘片：磁介质硬盘驱动器中的大的圆形盘片，通过磁信号来储存数据。

磁道：磁介质硬盘驱动器中盘片上的圆形路径。

片段：磁道的一部分。

扇区：硬盘磁道上的小片段。

读写磁头：磁盘驱动器一个小的组成部分，它能够把磁信号转换成电流信号，也能够把电流信号转换成磁信号。

磁介质硬盘驱动器

有些硬盘利用磁信号来存储数据。想象一下你想用磁信号给朋友发送信息。你每天都会在他们家门口留下一个金属钉。你的朋友知道，如果金属钉被磁化了，你晚饭后就会过来玩电子游戏。如果金属钉没有被磁化，你就有别的事要做，不能来了。通过这种方式，你就可以利用磁信号来存储信息并发送消息。

计算机采用了同一种思想，只是方式要复杂得多。

硬盘驱动器中包含一个或者多个可以高速旋转的、覆盖有磁性材料涂层的磁盘，以及能够读取和写入磁信息的磁头。硬盘上的磁性材料是一个大的圆形盘片，它可以被划分成数十亿个小区域。每个区域都可以在磁化后表示存储的是二进制数字 1，或者消磁后表示存储的是二进制 0。硬盘通常会一直保存在计算机、笔记本电脑或其他设备中。它持久存储数据，所有这些数据之后还可以被读取。

闪存

闪存是一种不需要电源的数据存储设备。你的相机或智能手机中的安全数字卡（SD）就是闪存的一个实例。外置硬盘驱动器和通用串行总线（USB）闪存驱动器则是另一些闪存设备的实例。它们都可以通过计算机的 USB 端口连接到计算机上进行数据读写。

计算机如何读取存储在硬盘上的数据？存储在硬盘上的数据并不像你办公桌上堆叠的文件。在每个盘片上，计算机都以非常有序的方式存储数据。数据会被一位一位地排列在盘片的一个个同心圆上，称为磁道。每一个磁道都可以被划分成更小的片段，称为扇区。

你知道吗？

硬盘驱动器盘片的盘基是用玻璃或铝等材料制成，表面再覆盖上一层可以磁化或消磁的金属薄层。

硬盘驱动器还保存了一张位置图，图上记录了正在被使用的扇区，以及可以被新数据自由使用的空闲扇区。当计算机需要存储新数据时，它就可以使用这个图来识别空闲扇区。然后，它告诉硬盘驱动器的读写磁头，穿过盘片移动到空闲扇区的准确位置，并将数据存储在该处。

计算机也会采取一个类似的过程来读取数据。它先识别出数据所在的扇区位置，然后再将硬盘驱动器的读写磁头移动到该位置取回数据。

硬盘驱动器的读写磁头

闪存

一些笔记本电脑会使用闪存技术来存储数据。与使用磁信号存储数据不同，这项技术使用电能来存储数据。闪存设备包括固态硬盘驱动器（SSD）和闪存棒。计算机通过控制存储芯片上的一系列微小电容的充放电来记录数据。电容器是一种能够储存电能的装置。

虽然闪存比磁存储器更耐用，但电容器在几年后也会失去储电能力。

为什么有些笔记本电脑会使用闪存和固态硬盘呢？相比磁介质硬盘驱动器，这类电子存储设备有几个优势。传统的磁介质硬盘驱动器包含有运动部件——用于旋转盘片和移动磁头的马达，而固态硬盘上的存储则只发生在闪存芯片中。由于没有驱动马达的电能需求，因此固态硬盘的耗电量比普通硬盘要少得多，这对于像笔记本电脑这样的便携式计算机来说是一个明显的优势。便携式计算机依赖于电池的电量，如果电池电量的消耗速度太快，那就是个问题！

固态硬盘内部

固态硬盘外部

固态硬盘可以更快地访问数据，因为它们不需要旋转盘片或移动磁头的过程。相反，它们几乎可以立即读取数据。此外，硬盘驱动器的磁盘盘片也是非常脆弱的，震动和摔落都会导致硬盘驱动器的损坏。

固态硬盘几乎没有运动部件，这意味着当它摔落时，
会有更少的部件损坏。

这使得固态硬盘的可靠性通常更高。然而，固态硬盘的生命周期是有限的。最终，固态硬盘驱动器将不能再使用。不过，对大多数使用者来说，固态硬盘的使用寿命要比普通计算机或笔记本电脑都长。

光存储

光存储使用激光束来记录和读取二进制数据。激光束在光盘表面的同心轨道上形成微小的凹坑。光头会读取光盘上的平滑区域和凹坑，并将其转换为电信号。由于激光束可以比磁头更精确地控制和聚焦，因此与磁存储相比，使用光存储可以将数据存储在更小的空间中。光存储能够存储大量的数据，尽管它在读取数据时往往比磁存储要慢。然而，由于其具有存储大量数据的能力，光存储还是经常被用于需要大量存储空间的应用，例如那些需要使用图形、声音和大量文本的应用。

你知道吗？

存储在光盘上的数据不会因为断电而损坏或丢失。

临时数据存储

有时，你只是在很短时间内需要数据。你是否查找过比萨店的电话号码？你只需要花几分钟记住这个号码，以便你可以给他们打电话预订一份比萨。虽然你在拨号时记住了这个电话号码，但是，几个小时后你可能就记不住了。这是一个你的大脑如何使用临时、短期记忆的例子。

计算机也是以类似的方式工作。当你使用计算机时，你需要快速访问和使用数据。这就是为什么计算机中有很多可以临时存储数据的地方。计算机使用随机访问存储器（RAM）——经常被称为内存——来暂时保存数据。通过使用RAM，计算机可以快速访问、使用和操作数据，然后在不需要继续使用时删除它们。如果数据仍然需要被使用，它们可以被保存到持久存储器中。

临时数据存储要比长期存储的空间小，但它们的读写速度也更快。然而，与持久数据存储不同，当你关闭计算机时，临时存储中的所有数据都会丢失。

你知道吗？ 诸如谷歌、亚马逊、苹果和Facebook这样的一些公司都在依赖云服务器集群来存储大量数据。这些服务器集群通常由数千台计算机组成，需要消耗大量的电能来维持运转并保持冷却状态！一些公司正在投资太阳能发电，以帮助生产运行这些集群所需要的电力。

在线数据存储

　　随着数据量的增长，用计算机硬盘存储所有数据正在变得越来越困难。单台计算机甚至一个计算机网络都不可能有足够的空间存放所有必要的数据。而且，大容量数据存储的成本也会很高。此外，人们也希望有一种简单的方法来备份他们的数据，以防他们的计算机或者网络出现故障。为了解决这些问题，许多人转向了在线数据存储。

　　使用在线数据存储的人不需要如闪存驱动器或者外置硬盘驱动器这样的物理设备来存储数据。取而代之的是，他们通过互联网将数据上传到远程服务器。用户并不拥有这个服务器，但他们可以用密码在联网的情况下随时访问到它。只需按月付费（有时还是免费的），存储服务提供商就可以为你处置所有数据存储细节，例如服务器和数据的安全、数据备份和服务器维护等。这就是所谓的将数据存储"在云中"。你使用过 Google 推出的 Chromebook 笔记本电脑吗？尽管你能在 Chromebook 笔记本电脑上存储少量的数据，但是大部分的数据还是会被存储到云中。

数据存储单元

你生日时买的智能手机有 32GB 容量，这意味着什么呢？所有的数据都以 0 和 1 的二进制数形式存储在计算机中。单个二进制数字称为"位"。一个由八位二进制数字组成的字符串称为一个字节。一个字节可以用二进制的数字符号产生出 256 种可能的组合形式，每个组合可以表示文本消息中的一个字母、一个数字或者一个短单词。

当说到计算机和智能手机上的数据存储时，我们通常使用度量前缀，包括 kilo、mega 和 giga。1KB（kilobyte）的数据等于 1024 个字节（Byte）。1MB（megabyte）等于 1024KB。而 1GB（gigabyte）等于 1024MB。大多数消费型电子产品，如智能手机、平板电脑、硬盘驱动器、存储卡等，都是用 GB 为单位来度量它们能存储多少数据的。

你知道吗？

计算机使用磁信号来存储数据，因为即使在断电的时候，磁介质的磁性可以不受影响仍然存在，所以用磁信号存储的数据是安全的。

1 字节 = 8 比特

1 0 1 0 0 1 0 1

1 字节	= 8 比特
1 千字节	= 1024 字节
1 兆字节	= 1024 千字节
1 千兆字节	= 1024 兆字节
1 兆兆字节	= 1024 千兆字节

例如，一个典型的蓝光光盘可以保存大约 25GB 的数据。

目前最大的数据存储单位是 terabyte（TB），即 1 万亿字节！台式计算机通常都会配有一块能够存储 2 到 3 个 TB 数据的硬盘。

存储数据管理

你拥有的数据量越大，以有组织的方式存储它们就越重要。这就好比，一种方式——你将自己紫色的袜子整齐地摆放在一个有条理的袜子抽屉里，另外一种方式——你只是将它们随机扔进一个还混装着衬衫和短裤的抽屉中，哪一种方式你会更容易找到你的紫色袜子呢？答案显而易见，在多个抽屉中翻找你的袜子需要花费许多时间。

同样，一台需要花费大量时间搜索数据的计算机也会出现效率低下的问题。

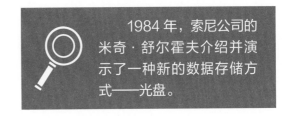

1984 年，索尼公司的米奇·舒尔霍夫介绍并演示了一种新的数据存储方式——光盘。

数据管理有助于找出存储和检索大量数据的最佳方法，同时又保持计算机系统的性能最佳。数据管理包括以下几个部分：

- 找出存储数据的最佳方式，以便数据可以轻松读取。

- 确定谁可以访问数据，保护数据安全，以便只有获得授权的用户才能对数据进行访问。

- 确定在不影响计算机性能的情况下进行数据访问的方式。

- 对数据进行备份，这样即使计算机系统和硬件出现了故障，也能保证这些数据可以被取回。

- 决定数据保存多久。

- 创造用户或软件应用程序之间数据传输的方法和程序。

- 了解技术进步会对数据管理产生什么样的影响。

要知道的词

关系型数据库：一种可以识别独立存储的数据块之间关系的数据库结构。

数据库管理系统（DBMS）：一种在计算机系统中用于处理数据的存储、检索和更新任务的软件程序。

数据库中的数据组织

对数据进行组织和存储的途径之一是使用数据库。数据库就像一个用于存放数据的大容器。就像图书馆保存书籍一样，数据库存储数据。在图书馆里，书是有组织存放的，这样在你需要的时候你就能找到你想要的书。与之相类似，数据库中的数据也是被有组织存放的，这样在你需要的时候你也会很容易找到这些信息。数据库可以存储各种类型的信息，包括数字、文本、电子邮件、电话记录等等。

数据库就像一个电子文件系统。它由字段、记录和文件组成。字段是单个信息，例如一个人的电话号码。记录是一组字段的完整集合。例如，一条记录可能包含七个字段：一个人的名字、姓氏、电话号码、街道地址、城市、邮政编码和电子邮件地址。而一个文件则是一组记录的集合。

硬盘崩溃!

没有什么比"我的硬盘坏了"这句话更能让计算机用户感到恐惧了！突然间，你存储在计算机上的所有文本、图片、音乐等都不能被访问了。而你只能盯着一个空白的计算机显示屏。硬盘故障往往发生在其物理停止工作时。一次摔落或者震动就能导致硬盘驱动器的马达或盘片损坏。硬盘驱动器中用于旋转盘片或者移动读写磁头的马达可能会出现故障。读/写磁头也可能会变得不稳定，从而刮伤盘片，导致数据丢失。盘片本身也可能会出现变形。病毒或恶意软件也会导致硬盘无法响应操作请求。甚至一点微小的灰尘也可能会损坏盘片上的磁性材料，导致数据丢失。不幸的是，硬盘崩溃后并非所有的数据都能被恢复。这也就是为什么很多人会将重要的数据备份在云中的计算机上或者另一块硬盘或闪存棒上。

一个数据库可以像一个包含名称列表的单个文件一样简单。数据库也可以非常大，包括许多文件。你有没有看过医生，并让他们在数据库里查找过你的资料？

如今，关系型数据库允许用户将多个表中的数据连接在一起，从而可以将多种不同类型的信息关联起来。它们还可以从多个数据库获取信息。现代数据库可以存储不同类型的数据，包括文本、数字、音频文件、图片和视频。

当一个人想从数据库中读取数据时，他们通常会使用一种称为数据库管理系统（DBMS）的特殊的软件程序。DBMS 充当用户和数据库之间的接口，可以保护数据库中的数据不会因为被用户访问而弄乱。

用户可以使用 DBMS 在数据库中检索数据，对数据库中的数据进行编辑和向数据库中添加新数据。

通常，用于特定用途的软件都会包含它自己的 DBMS 管理形式。你如何在你的笔记本电脑上存储你的照片或视频？你用于创建、编辑你的照片和视频的程序已经内置了数据管理系统，因此你可以轻松访问文件。

在处理少量数据时，数据管理并不难做到。但是当你的数据库规模非常庞大时又会发生什么呢？如何才能保证这些数据有用并且可访问呢？我们将在下一章讨论大数据。

你知道吗？

硬盘驱动器的盘片每分钟可以旋转 10 000 转。

使用二进制数

计算机处理的所有软件、音乐、文档和其他数据都是用二进制数存储的。即使是包含操作指令的计算机程序也会先被转换成计算机处理器可以使用的二进制代码。不仅仅是计算机——所有的数字技术，包括 DVD、移动电话和卫星——都使用二进制数字。所以，理解二进制数比以往任何时候都重要!

为了更好地理解二进制数是如何工作的，你将练习将二进制数转换成对应的十进制数。

▶ **首先，让我们把二进制数 1011 转换成十进制数。**使用下表记住二进制数中每一位的位权。

位权为8的位	位权为4的位	位权为2的位	位权为1的位	十进制数
1	0	1	1	
$1 \times 8 = 8$	$0 \times 4 = 0$	$1 \times 2 = 2$	$1 \times 1 = 1$	11

* 从标题为"十进制数"的列的左侧列开始。该列的位置是"1"。由于它是位权为 1 的位，所以你需要乘以 1，则该位的值为 $1 \times 1 = 1$。

* 向左移动到下一列。该列的位置是"1"。该列的位权为 2，所以你需要乘以 2，则该位的值为 $1 \times 2 = 2$。

* 再次向左移动一列。位权为 4 的位是"0"。所以该位的值为 $0 \times 4 = 0$。

* 向左移动到位权为 8 的位。该列的位置是"1"。所以该位的值为 $1 \times 8 = 8$。

* 将每列的乘积相加求和就得到了对应的十进制数结果，8+0+1+1=11。因此，二进制数 1011 与十进制数的 11 是同一个数字。

▶ **请将以下二进制数转换为十进制数。**你可以在 57 页找到答案。

二进制数	十进制数
1001	
10	
11	
1111	
1010	
110	
10001	
10011	

尝试一下！

尝试把一些十进制数转换成二进制数。请注意，二进制数的每个位权都是以2的次幂递增的。

数据的组织

在计算机内部，数据会采用磁存储、电子存储或光存储系统的方式以二进制数的形式进行存储。数据可以被存放在持久的或临时的存储位置。计算机软件负责所有二进制数的组织、传输和处理。当你打开计算机的电源时，基本输入/输出系统（BIOS）会启动计算机，并控制计算机操作系统与所有附属设备（如硬盘、键盘、鼠标或打印机）之间的数据流动。BIOS包含将数据移入和移出不同存储位置并将其发送以进行处理的简单指令。计算机操作系统具有将数据组织成文件和文件夹的指令。它还负责临时数据存储的管理，并将数据传输给应用程序和类似打印机这样的外围设备。应用程序则对数据进行处理。

将颜色存储为数据

从智能手机到大屏幕电视，这些数字屏幕可以显示出丰富多彩的图像。这些设备使用RGB（红、绿、蓝）颜色系统来生成这些鲜亮的色彩。数字屏幕由上百万称为像素的点组成。每个像素都是红、绿和蓝三种颜色光的组合。想想有三个灯泡，每种颜色一个。你可以通过调整每个灯泡的亮度来改变一个像素的颜色。每个灯泡的亮度可以从0（关闭）到255（最亮）。这些光和亮度组合在一起就形成了颜色。

▶ 要了解它们是如何工作的，先让我们看看白色和红色怎么产生的吧。为了产生白色，三个灯泡都要调至最亮。而要产生红色，则只需要将红色的灯泡调至最亮。

颜色	（红，绿，蓝）
白色	（255，255，255）
红色	（255，0，0）

▶ 在计算机中，每个像素的 RGB 组合的信息都会以一个独立的大二进制数的形式存储。由于颜色用 8 位数字表示，因此，每个像素的 RGB 值就可以用三个 8 位二进制数字进行编码。于是，十进制数 0 就表示为二进制的 00000000，而十进制的 255 就表示为二进制的 11111111。

例如，红色（255，0，0）按照二进制就表示为（11111111，00000000，00000000）。

▶ 现在该轮到你把颜色编码成数据了。使用你学到的有关 RGB 颜色的信息，将以下颜色编码为二进制数。你可以在 57 页找到答案。

颜色	（红，绿，蓝）	二进制数
黑色	（0，0，0）	
白色	（255，255，255）	
红色	（255，0，0）	
绿色	（0，255，0）	
蓝色	（0，0，255）	
青色	（0，255，255）	
品红	（255，0，255）	
黄色	（255，255，0）	
灰色	（128，128，128）	
浅黄色	（200，180，120）	

思考一下！

　　有些计算机程序用十六进制数字对颜色进行编码。十六进制数有 16 个数字符号（而不是十进制的 10 个或二进制的 2 个）。它们使用 10 个十进制数字符号（0,1,2,3,4,5,6,7,8,9）加上字母表的前 6 个字母（A，B，C，D，E，F）来表示。研究一下如何用十六进制数来表示颜色，然后准备一节课教你的同学如何使用十六进制数。

建立一个纸面数据库

数据库可以使你在需要数据时更容易找到它们。你可以建立一个数据库来将你的电子游戏、DVD、书籍等等组织起来。在本活动中,你将通过创建自己的纸面数据库来了解数据库的工作原理。

▶ **首先,决定你要在数据库中存储和组织哪些数据。** 你可以采用下面的想法之一或提出你自己的想法。

* 你的朋友,他们的地址以及其他信息   * 你读过的书

* 你玩过的电子游戏   * 你旅游过的地方

▶ **既然你已经确定了你的数据库的主题,请再为该主题建立一组记录。** 例如,如果你正在建立一个图书数据库,那么每本书的信息就是它的一条记录。

▶ **接下来,头脑风暴想一些适合你的主题的信息字段。** 例如,在图书数据库中,可能会包括以下字段。

* 书名   * 页数   * 出版地

* 阅读时间   * 这是你的书吗?   * 出版时间

* 你是否会推荐该书?   * 出版商   * 精装本还是平装本?

* 作者   * 体裁类型

▶ **现在,将每个字段的标题写在单独的一张索引卡上,** 再将这些卡片贴在海报板的顶部。

▶ **使用新的索引卡,填写你的数据库中每条记录的字段值。** 然后将这些新的索引卡放在海报板上适当的字段标题下。现在,把这个纸面数据库交给一个朋友或同学。问他们问题,让他们使用数据库快速找出他们想要查找的数据。

尝试一下！

　　把你的纸面数据库中的数据输入计算机电子表格程序中。在电子表格的行中你输入了什么数据？列中你又输入了什么数据？你如何才能对数据进行排序？在电子表格中如何存放数据才能使数据查找和检索更为容易？你创建的电子表格是否易于使用和理解呢？为什么？

第 53 页的答案

二进制数	十进制数	二进制数	十进制数
1001	9	1010	10
10	2	110	6
11	3	10001	17
1111	15	10011	19

第 55 页的答案

颜色	（红，绿，蓝）	二进制数
黑色	（0，0，0）	（00000000，00000000，00000000）
白色	（255，255，255）	（11111111，11111111，11111111）
红色	（255，0，0）	（11111111，00000000，00000000）
绿色	（0，255，0）	（00000000，11111111，00000000）
蓝色	（0，0，255）	（00000000，00000000，11111111）
青色	（0，255，255）	（00000000，11111111，11111111）
品红	（255，0，255）	（11111111，00000000，11111111）
黄色	（255，255，0）	（11111111，11111111，00000000）
灰色	（128，128，128）	（10000000，10000000，10000000）
浅黄色	（200，180，120）	（11001000，10110100，01111000）

用二进制编码传送一条信息

计算机如何存储文本文档？计算机会将文本数据转换成一系列二进制数字来存储和传输，而不是使用字母。为了理解它的工作过程，你将使用二进制代码向你的朋友发送一条秘密消息！

▶ **首先，想出一条你想发给同学的消息。** 尽可能简洁地把信息写在一张纸上。

▶ **使用一台联网电脑，** 你可以找到字母表上所有字母的二进制编码。

▶ **使用这些字母编码，** 将你的秘密消息转换成二进制数。确保你对大写字母和小写字母采用了正确的字母编码。

▶ **一旦完成了上述操作，你就将这条二进制消息发送给你的朋友。** 让他们利用同一个网站来辅助他们将消息从二进制转换为文本。你的朋友能理解你发的消息的内容吗？

▶ **让你的朋友也编制一条二进制消息发回给你。** 看看你是否能够对这些二进制数进行解码，读懂消息的内容。

思考一下！

你需要多长时间来用二进制编写你的信息呢？如果这就是你与计算机或其他数字设备进行通信的唯一方式呢？

第四章

数据变大

今天的新闻里有很多关于"大数据"的话题，我们知道什么是数据——它是客观事实和统计值的集合。但大数据到底是什么？为什么我们要对它感兴趣呢？

顾名思义，大数据就是数据量大！每天都会有大量的数据充斥在各种机构中。它们通常会以电子方式而不是纸质的形式进行采集和存储。

大数据的背后究竟是什么？为什么以前我们没有这个事物？最应该感谢的是更强大的计算机，大数据是因为它们带来的收集、存储和处理数据能力急剧提高的结果。今天功能强大的计算机在硬盘、闪存和存储卡上已经拥有更多的存储空间。借助现代计算机处理器不可思议的处理速度以及互联网惊人的传输速度，这些计算机可以比以往任何时候都更快地处理数据。

核心·问题

大数据会让我们面临怎样的风险？它对我们又有什么样的帮助？

59

多样性：有很多不同的数据源和数据类型。

新技术导致大量可以与互联网连接的设备的出现，从智能手机、笔记本电脑到交通摄像头和汽车导航系统。如今，世界各地的人们正在以前所未有的速度生成和收集更多类型的数据。

规模性、高速性和多样性

有些人用三个特性来定义大数据——规模性、高速性和多样性。这三个特性使得大数据区别于过去收集的数据。

• 规模性代表了当前可获得数据的绝对数量。

• 高速性是数据生成和变化的高速度。

• 多样性是指不同来源和数据类型多。

虽然三个特性有助于大数据的定义，但什么才算大数据，实际上取决于使用它的人。一个包含 10000 个数据条目的文件可能会被一个只有几名员工的公司视为大数据，而一个大公司却不太可能将之看作大数据。类似的，今天被认为是大的东西，在五年后，当技术进步使计算机变得更强大时，它又可能被认为是小的。

向你推荐！

你有没有在 iTunes 上遇见过歌曲"推荐"或在 Netflix 上遇见过电影"推荐"？这些服务怎么知道你可能喜欢什么样的歌曲和电影？要做到这点，这些公司需要从所有用户的交易事务中收集数据，并利用这些数据产生推荐建议。例如，如果和你买了相同歌曲的用户，对一首新歌给了很高的评价，那么，iTunes 就可能会将这首歌推荐给你。

大数据从何而来？

　　大数据无处不在！当你上网购物时，你会为互联网公司和在线零售商创建关于你的兴趣、采购和网络浏览习惯的数据。你有社交媒体账户吗？你发布、点赞或关注的任何东西都可能成为一条大数据记录。如果一个机构持续留存数据，从员工档案到销售记录，那么这些保存的记录就是大数据的来源。

　　数据也可以来自设备内置的传感器。如今，许多设备都使用传感器来持续收集不同类型的数据。医疗设备、交通摄像头、卫星、汽车、有线电视机顶盒和家用电器都从其周围世界收集数据。你手腕上是否也戴着健身追踪器呢？它正在收集关于你的步数、运动、消耗的卡路里以及睡眠周期的大数据。其他大数据来源还包括社交媒体网站、商业应用程序以及诸如播客、在线直播、在线视频和在线音频等媒体软件。

你是否曾经在社交媒体上发帖呢？相关的公司很可能正在追踪你的数据

图片来源：Blogtrepreneur (CC BY 2.0)

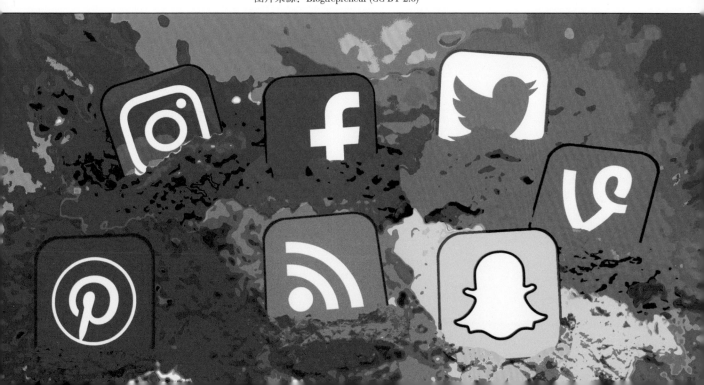

如何处理大数据？

虽然确定大数据的来源是很重要的，但知道如何处理这些数据则更加关键。如果没有人知道如何对它们进行处理，那这么一大堆数据并不会给任何人带来什么好处！

你是否曾经在打扫房间时将所有东西都扔进衣柜，然后将衣柜门一关了之？当你想找一件特别的 T 恤衫或是一本书时你会怎么做？你可能已经在壁橱里放了很多你并不想要或并不需要的东西。由于它们被堆放在一起，你更难从中找出和使用你真正想要的东西。

同样的道理，

使用大数据的机构也需要对他们如何处理这些数据进行规划。

哪些数据是有用的？哪些数据是不需要的？我们应该怎么储存它们？我们需要如何访问它们？我们需要将它们用于什么目的？我们能从数据中了解到什么？通过回答这些问题，相关机构就可以将这些数据有效地组织起来并投入使用。

让我们看一个如何在日常生活中使用大数据的例子。在一个大城市里，数以百万计的人乘坐公共交通工具出行，如公共汽车、通勤火车或地铁等。这座城市有

世界上许多大城市都在使用大数据，来辅助交通管理。

数百条公交线路、火车线路和地铁线路，它们提供了数以百万计的数据点，包括乘客人数、乘车路线、乘车时间等。在某些时候，一些公共汽车可能会很拥挤，而另一些公共汽车却只有几名乘客。通过收集和分析乘客数据，市政府可以获得有价值的信息，帮助他们规划出最佳的公共交通时刻表和交通线路。这样他们就可以更好地对公共汽车、火车和地铁进行调度来满足乘客的需求。

大数据为什么重要?

　　使大数据重要的并不是它的数据规模大,而是相关机构可以利用它做什么、从中学习到什么。原始形式的数据并不是很有用,但是当相关机构能够处理和分析这些数据时,它们就可以从中学到很多东西。

　　当相关机构分析数据时,它们可以获得有助于它们做出更明智决策的信息。它们也可以从中找出更有效率的方法。它们还可以分析出客户想要什么样的产品和服务。在工厂里,对来自机器设备的数据进行分析,可以帮助厂区工作人员几乎在机器故障发生的同时,就可以对设备进行确认并修复。

　　例如,手机公司收集数百万用户发送短信和拨打电话的数据。手机公司通过分析这些数据,来确定基站设置的最佳位置,这样它们的网络就可以毫无压力地对大量的短信和电话服务进行处理。

用大数据抗击药物成瘾

　　纵观整个美国,阿片类药物成瘾正在摧毁数以百万计的人的生命。在匹兹堡大学,研究人员正在使用大数据来获取更多关于阿片类药物流行及其传播方式的信息,以便他们能够找到抗击药物成瘾问题的办法。匹兹堡大学的研究人员也在开发计算机模型,使得在药物政策实施前就能够对它的有效性进行检验。匹兹堡大学的算法使用多种数据源来跟踪药物过去和现在流行的情况,并对其未来的变化进行预测。然后,研究人员会使用该模型来对一项政策能否减少过量用药和过量用药致死的情况进行模拟。他们希望这些信息能帮助官员们在制定抗击阿片类药物成瘾问题的方案时做出更加明智的决定。

谁使用大数据？

几乎每个行业的机构都会用到大数据。大数据可以帮助各种机构（从银行、教育部门到医疗单位、零售店等）制定更好的决策。银行利用大数据将风险降至最低，检测**欺诈**行为。专业医疗人员使用大数据来发现趋势和信息，以帮助他们更好地照顾患者和治疗疾病。制造业公司利用大数据来提高产品生产效率、降低成本。

学校利用大数据，给予一些学生帮助。普渡大学提供了一个大学如何利用大数据，来帮助学生更好地完成学业的例子。这所大学通过数据挖掘和分析工具，会追踪不同班级学生的表现，并找出表现差的学生。然后该系统会发出警报，提醒学生大学期间可能会遇到的挂科甚至退学的风险。

你知道吗？
Electronic Arts 等电子游戏公司会利用从现实生活里的体育游戏中收集的大数据来预测其电子游戏的结果。

一家名为 Foris 的公司利用大数据，在提高农场生产力的同时，还有效地保护了周围的生态环境。

像气象局这样的机构也在使用大数据。气象局会从各种来源收集天气数据，诸如温度计、气压计、雨量计、雷达天线和来自全国各地的卫星图像等。

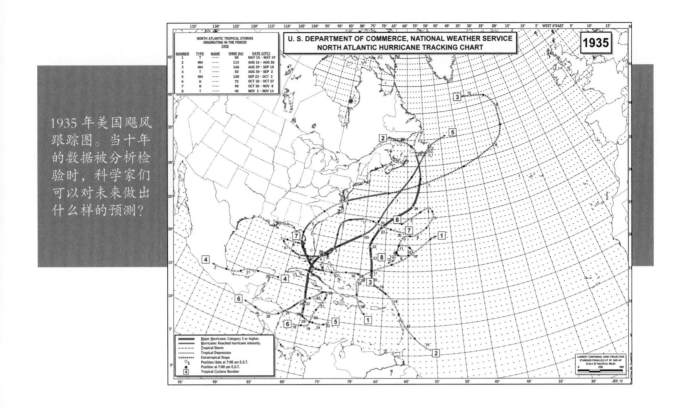

1935 年美国飓风跟踪图。当十年的数据被分析检验时，科学家们可以对未来做出什么样的预测？

利用这些数据，科学家就可以建立天气预报。他们还会使用这些数据来分析地球气候变化。通过对 19 世纪数据的分析，科学家已经证明人类活动对气候变化产生的影响。

零售公司使用大数据，来更好地了解客户。顾客喜欢什么，不喜欢什么，哪种营销方式最能吸引新客户，顾客想要什么样的新产品……所有这些问题都可以用来自大数据的信息进行回答。数据分析是研究人员用来在原始数据中发现有价值信息的过程。

例如，政府也使用大数据。政府工作人员可以通过分析公用事业、服务代理机构和公共事务的大数据，了解大量信息。这些信息可以帮助他们更好地决策，如何有效处理从交通堵塞到犯罪等各种社会问题。

大数据

要知道的词

指向：引向某个群体。

联合包裹速递服务公司（UPS）是一个利用大数据优化其运营的成功案例。UPS 每天都会产生和存储大量数据。这些数据大部分来自其近 10 万辆运载车辆的传感器。传感器收集每辆车的性能和行驶路线的数据。UPS 利用这些数据重新设计它们的行车路线。他们还利用在线地图数据重新规划司机的接送服务。新的路线可以使 UPS 的司机更有效率——他们能够更快地运送更多的包裹。重新设计的路线每天为 UPS 司机减少了 8500 万英里（约 1.4 亿千米）的行驶路程，由此节省了超过 850 万加仑（约 321 万升）的燃料。这为公司节省了大量资金，同时对环境也有好处。

大数据和社交媒体

每天，社交媒体都会源源不断地产生数据。像 Facebook、Instagram、Snapchat、Twitter 和 Pinterest 等网站都在不断流出数据。社交媒体上的每一条推文、每一次点赞、每一个视频、每一幅图片、每一次关注以及每一次发帖都会产生数据。这些数据都在很大程度上不断改变着企业与客户互动，以及向客户营销的方式。

过去，也有一些公司会根据年龄、居住地、已婚或单身将顾客分为若干组，然后，为每个组组织营销活动。

然而，这种方法并不十分成功。

你们班是不是每个人都喜欢巧克力冰淇淋呢？可能并不是这样的。有些人可能喜欢香草味的，而另一些人可能根本就不喜欢冰淇淋，但他们喜欢饼干。巧克力冰淇淋的广告或促销可能不会对班上的所有人都起作用。

你知道吗？ 美国国家足球联盟的亚特兰大猎鹰队利用 GPS 技术收集球员在训练过程中的活动数据。该团队利用这些数据来分析动作，以创建更有效的打法。

通过对来自社交媒体和其他来源的数据的分析，相关机构能够更确切地了解人们真正喜欢的是什么。然后，他们可以根据共同的喜好和行为，对人们进行分组，然后针对他们的需求向人们推送广告和促销商品。在你的课上，你也可以使用大数据创建出巧克力冰淇淋爱好者、香草冰淇淋爱好者和饼干爱好者的分组。相关公司就可以向每个组发送针对性的广告。

你是否曾经在网上浏览过新自行车？当你再次上网或登录社交媒体时，你是否注意到你访问的网站上弹出的广告？其中很可能有一些自行车广告，就和你之前浏览过的那些一样。这是一个例子，用以说明相关机构是如何跟踪你的网上行为，进而为你量身定制出个性化的营销活动。

例如，梅西百货公司收集了有关顾客偏好和兴趣的社交媒体数据。它使用分析系统，来度量客户在社交媒体上对特定产品的正面和负面评论，进而利用这些数据来预测客户喜好的变化趋势。梅西百货通过分析大数据发现，在推特上发布"夹克"相关信息的人也会经常使用"迈克尔·科尔斯"和"路易威登"两个词。这些信息有助于零售商决定销售哪些品牌的夹克以吸引消费者。

大数据和健康卡

在 2009 年 4 月，医生对一个 10 岁的男孩进行流感检测。检测结果证实他确实感染了流感病毒。但是，这种病毒是医生此前在人群中从未见过的一种新型病毒。

两天后，疾病预防控制中心（CDC）的实验室确认了第二例同一病毒的感染者，一个八岁的男孩，他生活在离第一个感染者 130 英里（约 210 千米）远的地方，并且也已发病。这两个感染者没有任何已知的联系。CDC 的实验室分析发现这两个患者感染的病毒非常相似，不同于已知存在于人或者动物内的任何其他流感病毒。

CDC 立刻对这种新型流感病毒展开调查，称它为 H1N1。

H1N1 病毒扩散非常快。几个星期内，全世界的公共卫生机构都开始担心大流行已经来临。由于 H1N1 是一种新型病毒，因此，还没有现成的疫苗来对它进行预防。公共卫生官员只能想办法迟滞病毒的传播速度。

你知道吗？

H1N1 流感病毒最初被称为"猪流感"。实验室测试显示，该病毒与已知影响猪的流感病毒相似。

为了减缓 H1N1 的传播速度，医生们首先需要了解病毒在哪里。在美国，CDC 要求全国的医生、健康诊所和医院都要上报新的 H1N1 确诊患者。他们利用这些信息建立模型，预测 H1N1 疫情会在何时何地以什么样的频次出现。利用这些信息，CDC 和地方社

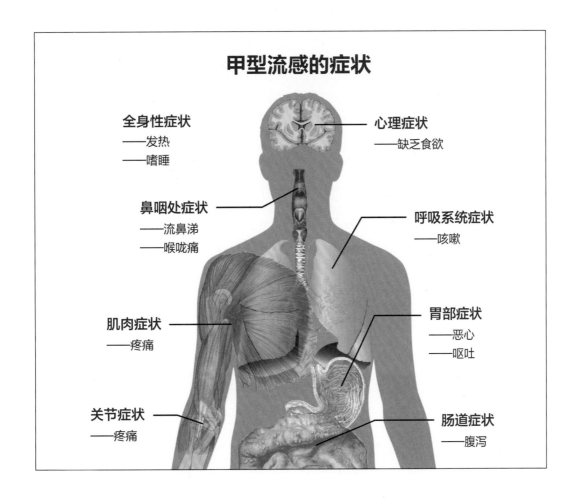

区就能更好地协调应急医疗响应。他们也能够确保生产出足够的疫苗并及时发送到需要它们的地方。

　　但是，在 CDC 的科学家们收到这些信息的时候，已经一到两周时间过去了。而病毒的传播速度是非常快的，CDC 不得不在没有它所需数据的情况下进行决策。

大数据

要知道的词

搜索引擎：一种可以根据用户提供的关键词进行搜索的程序。

算法：指计算机处理过程中所遵循的规则。

关键词：用于简单描述需要搜索内容的单词或短语。

相关性：两个事物之间的联系。

与此同时，一家名为谷歌的技术和互联网公司的工程师已经在研究一种方法来预测即将到来的冬季流感的传播规律。他们不仅想预测全国范围内的流感病例，还想预测各个地区甚至各州的流感病例。

作为世界上最大的互联网搜索引擎之一，谷歌可以访问用户每天在其网站上进行的 30 亿次搜索查询。因为它保存了所有的数据，所以公司有很多数据可供使用。

谷歌的工程师注意到，感觉身体不适的人会在寻求医生帮助之前，先在搜索引擎中输入诸如"流感症状""发烧"这样的短语，他们根据这一思路设计了一种预测流行性感冒的算法。

研究人员相信，他们可以利用这些数据建立一个
早期预警系统，来预测流感疫情扩散情况。

　　例如，假如谷歌工程师注意到巴尔的摩地区关于"发烧"和"喉咙痛"的搜索查询增加，那么它就可能预示着这座城市在最近几周内，流感病例数会出现上升。

　　为了设计这样的算法，谷歌工程师对大量与流感相关的关键词和短语进行了测试。他们将这些搜索词与疾控中心 2003 年至 2008 年的流感数据进行了对比。他们发现，某些搜索词与流感的传播之间有很强的相关性或联系。利用这些搜索数据和模型，他们可以预测流感的传播，而且几乎可以做到实时预测，而不是在一到两周后。

　　当 H1N1 在 2009 年爆发时，谷歌使用搜索引擎数据预测病毒传播的方法，被证明是非常有用的。该方法预测速度比疾病控制中心（CDC）的预测模型更快，并且还能提供全球流感趋势的快照，而不是只关注于小区域内的趋势。谷歌流感跟踪器可以每天更新，提供接近实时的估计和预测。卫生官员可以将它当成早期预警系统来进行使用。

大数据的缺陷

　　当谷歌的流感追踪服务被首次推出时，最初的报告宣称，相较于疾病预防控制中心（CDC）的数据，该服务预测流感病例的准确率为97%。但是，后续的报告则显示该结论并不完全正确。例如，在2012—2013年流感季，谷歌流感追踪技术大大高估了美国的流感病例数量。

　　造成这一误差的一个原因可能是媒体对流感额外的关注，它可能会导致更多的人在线搜索流感症状。同时，谷歌工程师还发现他们的模型也会收集有关其他健康状况的搜索查询，而不仅仅是流感，因为它们也使用了类似的搜索词。2015年，谷歌关闭了流感追踪网站。现在，谷歌将搜索查询数据传递给健康组织，以便在它们自己的模型中使用。

数据隐私与数据安全

今天，几乎所有你在网上做过的事情，甚至是线下的行为，都可以被追踪到。想象一下你正在购物中心的一家商店中。你在店里闲逛，停下来看看衬衫、毛衣和牛仔裤，然后决定买一件蓝色的衬衫。你带着买的东西离开商店回家。你可能没有意识到的是，零售商一直在通过你智能手机中的位置传感器跟踪你！零售商会记录你在商店的每一部分花费了多少时间，以及你所闲逛的路线。零售商会使用这些数据来开发更好的产品、服务，设计更好的商店布局。

这个例子揭示了一个大数据的伦理问题。今天，关于消费者的数据还在不断地从移动设备、日常用品的传感器、在线活动中产生。这些数据可以帮助公司比以往任何时候都更好地了解他们的客户，但是，这也给个人隐私带来了威胁。

欧盟的消费者保护

一些国家正在制定管理数据隐私和安全的法规。在欧盟，《通用数据保护条例》（GDPR）已于2018年5月生效。它要求相关公司必须确保消费者明确同意对他们个人数据的采集，同时还要求公司必须确保消费者了解他们的数据将会被如何使用。不愿数据被采集的消费者可以选择退出，并要求相关公司删除所有个人数据。

2016 年，一组丹麦研究人员公开发布了一个名为 OkCupid 的在线约会网站近 7 万名用户的数据。这些数据包括了该网站设计的数千个有关个人信息问题的回答情况，涵盖了用户名、年龄、性别、地址和个性特征。

在回答个人资料问题时，网站用户并不知道他们的信息会被公开。

随着越来越多的机构投身于大数据潮流中，大数据的伦理问题也随之产生。被分析数据的所有权归谁？使用这些数据什么时候会被认为是越界滥用？人们在网上或在家里能得到怎样的隐私保护？人们需要决定他们愿意分享哪些数据，而相关机构需要清楚他们是如何使用这些数据的，这样人们才能做出明智的选择。

企业跟踪人们在商场或者店铺购物时所走的路线，并利用这些信息来决定哪些产品在哪里陈列。

大数据

数据安全问题与隐私保护密切相关。随着越来越多的数据以电子方式存储，数据被盗或被未授权使用的风险也在不断增加。黑客是指未经许可访问数据的人。一些黑客访问数据只是简单的因为好奇而已，他们想了解计算机网络是如何运作的。而另一些黑客则存在恶意企图。他们闯入计算机网络窃取有价值的数据，然后出售牟利。

你该如何才能保证自己在线信息的安全呢？请严格遵循下面的提示！

• 经常检查你在社交媒体平台上的设置，尽可能确保你的信息都是私有的。

• 切勿与他人分享密码、证件号码、地址或姓氏等信息。

• 对发布的内容进行限制。不要发布任何你不希望你的父母或未来老板看到的东西！

近年来，世界各地的机构发生了越来越多的数据泄露事件。黑客窃取了相关机构存储的个人数据，包括客户的证件号码、密码、财务信息等等。2017 年，美国消费者个人征信机构 Equifax 宣布，1.43 亿美国人中近一半的美国人口的个人资料被盗。这会产生怎样的问题呢？

大数据将继续存在，它将继续增长和演化。但仅仅收集到大数据是不够的。我们还需要理解它。在下一章中，我们将更深入地了解人们正如何努力做到更好地理解数据。

你知道吗？

在美国，还没有一部独立的联邦法律对个人数据的收集、使用和共享进行监管。相反，一些联邦和州的法律法规适用于特定类型数据的保护，如财务或健康数据。

隐私与便捷

每一次你在网上或到现场的购物活动都会产生数据，公司可以利用这些数据来了解你需要什么，想买什么。除此之外，这些信息还会使他们能够根据你的兴趣，设计特定的营销策略。但在什么情况下，数据的采集会成为对个人隐私的侵犯呢？

▶ **你认为隐私保护和大数据的好处之间应该如何平衡呢？** 头脑风暴列出大数据的利与弊，包括它的用处以及对隐私保护的影响。然后用设计图表来直观地显示这些信息。

▶ **选择你的观点——你认为相关公司是否应该以他们认为合适的方式使用大数据呢？** 或者你认为隐私权更重要，应该得到保护，即使这意味着大数据不能被充分利用？写一段具有说服力的短文来支持你的观点，并将它与你的同学分享。

思考一下！

你是否认为应该通过隐私保护制度或法律来规范大数据的使用呢？请阐释你的观点。

寻找大数据

大数据无处不在。设备、机器、网站、机构等每秒都在追踪着数据。但是有时候也会很难找到数据。一旦找到了数据，你能用它们做一些什么事情呢？许多数据是未经处理和组织的原始数据。于是要弄清楚数据是从哪里获取的，以及如何最好地利用数据就变得很困难。在本活动中，你将浏览一到两个网站并对其提供的数据进行评估。

你知道吗？

根据 Statista 网站的数据统计，2017 年上传的数码照片中，85% 是使用智能手机拍摄的，只有 10.3% 是使用数码相机拍摄的。你认为手机摄像头的下一个版本会是什么样子呢？

▶ 首先，在父母的帮助下，选取一个网站进行浏览。

▶ 浏览所选的网站，回答下面的问题：

* 该网站有什么样的数据？

* 该网站是如何展示其数据的？这种展示形式有用吗？它是否有助于你更好地理解数据呢？你认为它能够如何被改进呢？

* 该网站上的数据有什么潜在的用处？这些被提供的数据和信息能够被如何使用？

* 该网站上的数据来自何处？它是一个可靠的来源吗？为什么是或者为什么不是呢？

* 这些数据是实时的还是静态的呢？

* 你认为这是一个大数据案例吗？为什么是或者为什么不是呢？

尝试一下！

这些数据的使用应受到哪些限制（如果有的话）？使用这些数据是否存在任何隐私或者安全问题？

在体育运动中使用大数据

近年来，大数据在体育运动中的应用越来越普及。利用大数据分析技术对大量球员数据和统计值进行分析，以确定他们的训练模式和预测他们未来的表现。大多数专业运动队都有数据分析专家，有的甚至有一整个部门数据分析专家。通过数据分析，球队可以根据获得的信息来进行决策，比如在一场比赛中让某个球员做替补还是让他上场？把防守球员放在球场上的哪个位置？征召球员时是签下自由球员，还是交易球员？然而，数据分析并非万无一失。认识到这一点，大多数使用数据分析的团队并不完全依赖分析的结果，而只是将数据分析得到的信息作为决策过程的一部分。

利用大数据定位客户群

很多公司利用大数据来建立客户档案，这有助于他们设计出更有效的营销方法和促销活动。这些大数据信息包括用户的购买历史、职业、年龄、关系状态、阅读习惯、信用记录，甚至还包括用户在线对话的内容。在本活动中，你将探索如何利用大数据定位客户群，以提高公司的销售业绩并降低营销成本的方法。

▶ **假设你现在是一家公司的营销总监，该公司销售三种产品——口琴、篮球和绘画工具。** 你如何在减少营销花费的同时，售出最多的产品呢?

▶ **为你的每种产品制作一份营销传单。** 把传单随机分发给你班上的同学，每个学生收到一份。于是，一些人会收到口琴传单，而其他人会收到篮球或绘画工具的促销传单。

▶ **在收到口琴传单的人中，会有多少人买口琴呢?** 问问你的同学，对于那些收到篮球传单的人，又有多少人会买篮球呢? 类似的，绘画工具的销售情况又会如何呢? 请记录下这些销售数据。

▶ **收集一些你班上同学的资料。** 根据他们的爱好——体育、艺术和音乐，将他们分成多个小组。现在，重新分发你的营销传单，但这一次你要根据他们的兴趣定位你的客户。现在会有多少学生愿意采购呢? 请记录下这些销售数据。

▶ **当你利用你同学的数据来定位你的营销行动时，商品销售的情况发生了什么变化?** 请创建一个图表来直观展示你的结果。

考虑一下

还有哪些类型的数据，可以帮助你将学生客户划分为更具体的群组? 如何利用它们来增加销售额、降低成本?

解读大数据

相关机构使用大数据来帮助他们做出更好的决策。在本活动中，你将探索如何使用大数据了解客户行为的方法。

设想你正为一家有线电视和互联网提供商工作。你想更好地了解客户的需求，以便能够合理编排节目，并将广告时间销售给广告商。你们的市场部已经对近期客户进行了一项有关客户观看习惯的调查。以下是他们的报告。

问题：本星期你花了多少小时观看电视节目？	
15名女性客户的回答：	15名男性客户的回答：
4, 2, 8, 15, 20, 1, 5, 6, 9, 12, 7, 3, 4, 10, 8	10, 12, 15, 8, 5, 17, 24, 18, 3, 9, 11, 20, 10, 14, 15
问题：你通常看什么类型的电视节目？	
15名女性客户的回答：	15名男性客户的回答：
戏剧—6　　情景喜剧—4 真人秀—2　　体育节目—3	戏剧—2　　情景喜剧—5 真人秀—1　　体育节目—7

▶ **通过回答以下问题来分析数据：**

*计算女性客户本周看电视的平均小时数。平均数就是所有数字的平均值。要计算平均数，需要先将所有的数字加起来，然后将得到的和除以获得的回答的总数。

*计算男性客户本周看电视的平均小时数。

*最受女性欢迎的两类节目是什么？最受男性欢迎的两类节目又是什么？

*关于男性和女性观看习惯的差异，这些信息告诉了你什么？如何使用这些信息来做出节目编排决策呢？

考虑一下！

根据性别或族群来解读数据是一种刻板老套的方式吗？为什么是或者为什么不是呢？

第五章

理解数据

　　既然企业和政府已经拥有了大量的数据，并且他们也知道自己想用这些数据做什么，那么他们如何才能将这些数据转换成他们能够理解的形式呢？毕竟，我们大多数人不知道如何解读二进制数。

　　事实上，收集大量数据只是第一步。为了使数据有用，我们还必须理解它。有几种技术可以帮助人们更好地理解数据。

核心·问题

　　为什么当数据以可视化的方式展现时，它们更容易被理解呢？

数据可视化

　　你是否发现，如果你能看到事物，你会更容易理解它呢？可视化是我们大脑接收和处理大量数据的最简单方式。也许它是你的化学实验室的结果图表或显示你如何使用零用钱的饼状图。比如观察零用钱的饼状图，你能快速地看到你的钱花在哪里了。只要瞥一眼就知道你放学后购买奶昔花的钱太多了。这些信息可以帮助你更好地选择如何使用零用钱，这样你就可以省下钱去买你真正想要的溜冰鞋。

　　同样的，相关机构会收集大量数据，并使用可视化技术来帮助他们理解数据。数据可视化就是将数据转换为可视化格式的方法，以使数据更清晰。可视化格式可以是图像、图形或图表。以这种方式观察数据，有助于我们快速发现数据中隐含的规律、趋势及其相关性。

数据可视化工具既可以很简单，也可以很复杂。

　　一个简单的柱状图或者折线图就可以清楚地展示数据。我们还可以使用信息图表、地理地图、热力图等工具来展示数据。

　　一些可视化图像甚至可以是交互式的。用户可以通过点击图像的局部来了解更多有关数据的信息。数据可视化还包括在数据更新或满足某些条件时，向用户发出提示信息的工具。你的父母是否收到过来自银行的关于他们账户中还有多少钱的消息？这也是数据应用的一个结果！

你知道吗?

热力图是一种数据二维表示方式，在热力图中所有的值都是用颜色进行表示的。

数据分析

数据可视化是用于理解大量数据的一种方法，而数据分析则是另一种途径。数据分析是对原始数据进行检验以得出结论的过程。多年来人们一直致力于分析数据。在 20 世纪 50 年代，商业机构采用人工方式研究数据，以识别其变化的趋势和模式。今天，计算机和其他技术的速度和效率使商业机构能够更加快速地进行数据分析。

商业机构不仅可以识别数据中的模式和关系，而且可以使用这些信息辅助他们快速决策。

设想一下，你拥有一家销售宠物护理产品的公司。你意识到你需要一种更加快捷、更加有效的方法来设计新产品。如果你能够快速分析员工收集的宠物护理数据，那么你的公司就可以更高效地设计出新的宠物护理产品。为了解决这个问题，你转向了数据分析。

数据分析可以让你从堆积如山的数据中理出头绪，得出结论。例如，如果你想了解你的客户购买了哪些类型的产品，你可以通过创建一个表格来帮助你可视化产品的销售情况。使用数据分析工具，你也能够按地理位置、宠物类型、产品类型等对销售数据进行排序。借助这些信息，你可以快速了解你的客户都喜欢购买哪些类型的产品。

相关机构也会使用专门的计算机系统和软件系统来分析大量的数据。通常，用于分析的数

你知道吗？ 在线零售商会使用强大的计算工具，不断分析竞争对手关于同一产品的价格。然后，通过压低或抬升自己的价格，来增加本公司产品的销售额和利润。

据要么是以往事件的历史记录，要么是可以被实时分析的新信息。无论使用哪种类型的数据或进行哪种类型的分析，总的目标都是相似的，即根据数据寻找有助于相关机构优化决策的模式、相关性以及其他信息。

数据分析为什么那么重要？

如果你不知道如何使用大量的数据，那么你拥有它们又有什么用呢？数据分析有助于组织机构了解他们的数据，并利用这些数据做出更好的决策。这会带来更大的销售量、更低的成本、更有效的运营，以及更满意的员工与客户服务。

在许多行业，使客户满意是至关重要的。但有时，衡量顾客满意的程度是非常困难的。商业机构可能需要在几周后才能发现客户对购买不满意的情况。而通过数据分析，公司可以利用客户数据即时发现存在的问题，并且还有时间对它进行解决。

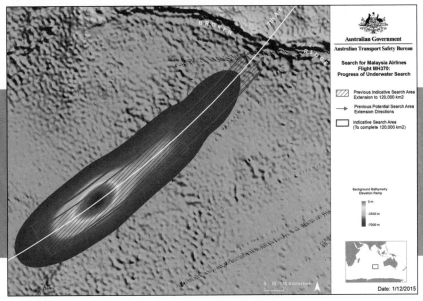

失踪飞机可能入水点的热力图。科学家利用数据帮助搜救人员确认搜索的位置。

图片来源：Australian Transport Safety Bureau (CC BY 4.0)

对于全球最大的个人电脑和平板电脑制造商——联想来说，数据分析有助于保持重要客户的满意度。联想曾经要为它的一款最畅销的个人电脑设计一种新式布局的键盘。联想有一个公司分析部门，它的任务就是利用各种数据来做出更好的商业决策，该部门正在搜索提及了联想公司的在线文本数据。该部门发现了一个在线论坛，一位联想客户在该论坛上就现有的电脑设计情况，包括键盘，写了一篇极为正面的综述。

该综述收集了来自其他论坛用户和联想客户的 2000 条评论。

联想公司意识到，这一部分人数不多但非常重要的客户群——自由职业软件开发者和游戏玩家——对目前的键盘设计都非常满意。键盘的变化可能会导致一些客户非常不满意，以至于他们可能会将自己的业务转移到其他电脑制造商！这个信息并不能通过传统的反馈渠道来发现。于是，联想放弃了对键盘重新设计的计划，避免了一次代价高昂的错误。

试一试！

在当今的数字世界，购物者可以不用亲自去商店，试穿几件衣服后，买走他们最喜欢的那一件。现在他们可以浏览商店的网站，挑选出他们喜欢的衣服。Chico's是一家女装零售商，它利用数据分析，将顾客与她们想要的衣服关联起来。借助数据分析，Chico's可以更好地了解顾客想要什么样的产品，是什么驱动她们的购买欲望，以及什么才是联系顾客的最佳方式。不同于以往给每一位客户发送促销邮件的方式，有了数据分析的支持，公司可以决定联系哪些客户。这有助于降低营销成本，也意味着可以与客户更好地沟通。

数据分析过程

数据分析涉及许多步骤。特别是在复杂或大型项目中，许多工作都发生在开始阶段——包括数据收集、组织和准备等。然后数据分析模型必须被开发、测试和完善，以确保它们都能正常地工作。在这些项目上工作的团队，包括数据分析师和数据工程师。

你知道吗？
数据仓库存储了公司内部来自多种数据源的海量数据。

　　首先，由数据分析师决定他们的分析项目需要什么样的数据。他们与数据工程师和其他信息技术人员合作，对必要的数据进行收集。因为原始数据可能来自不同的数据源，所以原始数据通常都会采用不同的数据格式。数据分析师和数据工程师一起工作，对数据进行合并和编辑，他们采集的全部数据都是相同的格式。然后这些数据可以被加载到数据分析工具中进行分析，如数据库或数据仓库等。

大数据

一旦数据准备就绪，数据分析师和工程师就会先对数据进行清理。他们会从数据中找出任何可能影响分析结果的问题，并加以修复。例如，他们可能会运行专门的程序来检索并删除重复的数据项。他们还会对数据进行重新组织，使之适用于分析工具。

随后，数据分析师会构建一个数据分析模型。他们可以采用预测建模工具或其他软件来完成这个建模过程。为了测试模型的效果，数据分析师通常会在部分数据上运行该模型，然后根据测试的结果对模型进行调整，再重新进行测试。这种测试和调整的过程会被反复进行，直至分析模型可以正常运行。最后，数据分析师在完整数据集上运行最终的模型。此时，该模型就可以产生能够被相关机构使用的结果信息。

数据分析过程的最后一步是将分析结果提供给相关机构的决策者。这通常是通过数据可视化技术来实现的。数据分析团队可以

具有长时间跨度的温度折线图。这种图表有助于对多年的情况进行比较。

图片来源：NASA GISTEMP

Hemispheric Temperature Change

Temperature Anomaly (°C)

- Northern Hemisphere
- 5 Yr Mean
- Southern Hemisphere
- 5 Yr Mean

通过创建图形、图像和其他信息图表，使数据分析模型的结果更易于被理解。当有新的数据出现时，数据分析团队可以重新运行分析模型，然后更新图表中的结果。

你知道吗？

数据分析的主要目标之一，就是找出两者之间的相关性、关系或联系。

数据挖掘

相关机构会使用多种工具和相关技术来帮助他们采集、组织和分析数据。一种常用的工具就是数据挖掘。数据挖掘方法使用模型对大量数据进行自动检索。它使用数学方法来划分数据，发现其中存在的模式和趋势，并预测可能的结果。

文本挖掘

越来越多的数据以文本的形式出现，包括社交媒体网站、用户论坛和其他网站上的各种评论信息。利用文本挖掘技术，用户可以分析各种在线和离线的文本数据。文本挖掘使用机器学习以及其他技术，对电子邮件、博客、社交媒体网站、调查表等各种信息源进行搜索，并分析其中包含的大量的文本数据。它可以为相关机构识别出文本的重要部分。例如，如果许多用户在网上发布有关公司产品问题的帖子，利用文本挖掘技术就可以迅速在网上发现该热点话题，并识别出其中的问题。有了这些信息，公司就可以快速对问题进行处理，并在客户关系受损之前，向客户和公众发出有关其解决方案的消息。

Web 分析：跟踪、采集、分析和报告网站流量数据的软件程序。

相关企业经常使用数据挖掘方法来帮助他们理解客户数据。数据挖掘模型可以通过分析客户数据，发现其中存在的模式、客户分类，或其他有助于他们做出更好营销决策的指标特征。数据挖掘模型还可以对制造厂停机时间数据进行分析，以帮助管理人员改进制造厂的生产流程。

数据挖掘模型甚至可以帮助企业雇用到合适的员工。一些企业会从社交媒体账户中采集适合他们的最优秀员工的数据。他们利用这些数据构建挖掘模型，然后利用该模型对求职者进行分析，预测他们是否适合本企业。下次你再在社交媒体上发帖的时候，好好想想这个！

你知道吗？ 麻省理工学院的研究表明，如今每秒通过互联网的数据比 20 年前存储在整个互联网中的数据还要多！

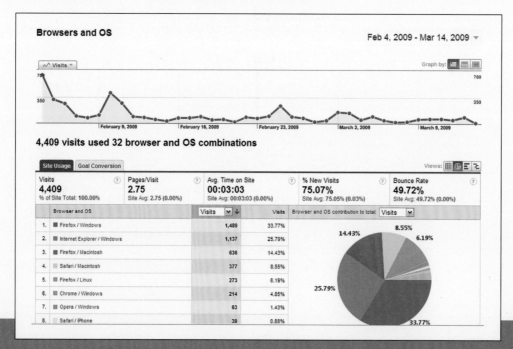

这是你在分析网页被访问情况时，可以看到的信息。
图片来源：Joss Winn (CC BY 2.0)

Web 分析

企业可以通过对网络行为的分析了解很多网民的信息。例如，某个人访问了什么网站？他们都来自哪些站点？他们在每个网站停留了多长时间？他们访问过哪些网页？他们点击了什么产品或信息？他们买东西了吗？他们如何在网上与他人进行互动？

这些还只是可以在网上收集到的关于一个人的几种类型的数据。这是否也会让你好奇，你在网上发布的信息又是如何被利用的？

Web 分析就是对网民在某个网站上的行为数据，进行跟踪、采集、分析和报告。公司会利用他们通过 Web 分析了解到的信息，为网民提供更好的网络体验，鼓励客户购买商品和服务，增加客户的消费。

这种分析可以预测顾客再次购买的可能性，帮助公司面向回头客定制特色网站。

Web 分析还可以追踪个人客户或客户群体（例如来自某个地区的客户）的购买数量，也可以预测客户未来最有可能购买哪些产品。所有这些信息都有助于公司更好地向客户推销产品。它还能优化网站运营的效率。这些努力在增加销售额的同时，可以降低营销成本。

所有这些数据对未来意味着什么呢？公司是否不断获得更多的关于客户的信息？我们可以产生和保存的数据的量有上限吗？我们将在下一章中讨论数据的未来。

用图表展现你们的庆生场所

用图表展示数据是数据可视化的常用方法。在本活动中，你将尝试了解两种流行的可视化效果——饼状图和柱状图，并使用它们来展示数据。

▶ **首先，请调查一下你的同学过生日的情况。**他们会在哪里来庆祝生日？他们可以从五种可能的答案中选择其一，包括自己家、亲戚家、朋友家、餐馆或其他。收集调查结果并记录数据。

▶ **一旦收集到全部数据，你还需要进行一些计算。**算出每种答案占五种答案总数的百分比，请使用如下公式：

（选择某个地方的数量 ÷ 总调查数量）×100% = 占总数的百分比

例如，如果你一共回收了 25 份调查表，其中 10 份表示在自己家吃晚餐，那么，计算"自己家"占总数百分比的公式是：

（10÷25）×100% = 40%

▶ **计算完每个地方占总数的百分比后，**它们的总和应该等于100%。如果它没有达到100%，那么你可能需要对一到两个百分比结果进行四舍五入，从而使它们求和的结果达到100%。

▶ **现在，请用这些信息创建一个饼状图。**估计饼状图每个扇区的大小并进行标记。饼状图展现了什么信息？

▶ **使用同一组数据创建柱状图。**比较柱状图和饼状图。它们有什么相同之处？又有何不同之处？哪一种图形能更好地展现数据信息？请解释原因。

思考一下!

　　想一想，如果你增加了更多的被调查对象，收集了更多的数据，你的饼状图和柱状图会发生什么变化。增加调查规模会给数据带来怎样的影响？它会使信息更加准确还是更加不准确？

该使用哪种图形呢?

　　许多方法都可以用于直观地展示数据。下面是一些常见的图形及其典型用途。

❯柱状图。常用于在大数据集上比较数据。

❯饼状图。通常用于对整体的各个部分进行比较分析。

❯双线图。如果你要对两组数据进行比较，该图形将是一个很好的选择。

❯直方图。该图形适用于不同范围数据的比较，如不同的年龄组。

❯象形图。该图形可以使数据展示更加有趣、吸引人、语义丰富。

❯茎叶图。该图形非常适用于需要按位值组织的数据。

茎	叶
2	5、8、9
3	4

收集用于分析的数据

为什么我们要收集数据？数据想要告诉我们什么呢？我们从数据中学到的东西又是如何帮助我们的？在本活动中，你将收集并组织数据，以便从中获取有用的信息。

▶ **首先，头脑风暴一下，列出一些你想了解更多的事物以及一些你可以通过数据研究的东西**。你可以从下面选择一个问题，或者自己想出一个问题。

- 在你周边环境中，哪种野生动物最常见？

- 在你的周围是不是有更多的人养猫或狗呢？

- 你们班同学的家庭平均有几口人？

- 你们班同学的平均身高是多少？和你们学校的其他班级相比怎么样呢？

- 你所在地区今年的平均气温是多少？与另一年的平均水平相比如何呢？

▶ **接下来，你需要收集数据**。有些数据可以在因特网上或通过计算机和其他电子设备自动收集。而其他时候，数据则需要通过另一些途径来收集，例如下面的这些方法：

- 观察。这种类型的数据收集，包括对某人或某物的仔细观察。例如，我们可能会观察有多少人沿街遛狗。

- 访谈。这种类型的数据收集以与他人交谈为中心。访谈人通常会提出一些问题，然后收集对方的答案作为数据。例如，他们可能会沿街采访当地居民，询问关于他们的宠物的问题。

- 问卷调查。调查问卷上是一系列的问题。人们先向目标群体发放调查问卷，然后收集答案并记录下来作为数据。

- 测量。人们可以通过测量物体来收集数据。

- 记录。将其他人测量的结果汇聚并记录下来，作为数据。

▶ **在你选定主题后，确定需要采集的数据类型以及采集方式。**一旦你做完计划，请收集你所需要的数据。

▶ **现在你已经采集好所有需要的数据，那么你该如何对这些数据进行处理呢？**我们可以通过制作图表、表格或电子表格来组织和分析这些数据，还可以通过计算方式来处理数据。你是否在数据中观察到一些关系或模式？你发现什么趋势了吗？这些观察结果让你了解到什么？你通过数据采集和分析过程得到了哪些信息？这与你期望的结果相符吗？还是这些数据表现出一些意想不到的结果？

▶ **任务的最后一步是根据结果来回答或解决问题。**你的数据能够用来发现什么信息、解决什么事情和回答什么问题？它们在其中发挥了什么作用？

进一步探索！

用可视化的方法表现你的数据，并将结果向全班展示。你准备选择哪种可视化的方式来表现你的数据？请对你选择该可视化方式进行解释。

其他工具

还有很多工具可以用于数据分析，这里列举几个。

Hadoop：是一种可用于组织和分析数据的软件工具，它能够为相关机构提供收集、存储和分析大数据集的能力。

NoSQL：是一种数据库工具，适用于多种数据模型。NoSQL是"不只SQL"的意思，传统数据库用表的形式来组织数据，NoSQL是传统数据库的替代品，它可以有更多的形式来组织数据。NoSQL数据库在计算机集群环境下处理大数据集时非常有用。

谷歌分析（Google Analytics）：是谷歌公司研发的一组用于数据收集、整合、报告和分析的工具。

用图形表现数据

通常，用可视化的方式表现数据更易让人理解。一种可视化表现数据的方法是采用图形的方式。在本次活动中，我们将对几种图形类型进行探索，并学习如何使用它们来表现数据。

▶ **首先，先问你的同学一个问题。**他们家里有多少部手机？有多少台电视机？有多少辆自行车？从这些问题中选择一个并记录每个人的答案。你将使用这些数据来创建不同图形。

▶ **先使用数据创建一个线状图。**线状图是一种通过数字线条来表现数据频率的图形。从你的数据中找出最小和最大的数字，并将它们分别放在一个数字线条的两端。在这个数字线条上为每个答案对应的数值画一个叉。如果多个答案是相同的数值，就在前一个叉的上方再继续添加叉。你如何使用这个图形找出你数据中的数值范围（最大值和最小值之间的差值）、众数（发生频率最高的数值）和中位数（位于中间的数值）？

▶ **当数值范围不是很大时，线状图能够很好地表现数据。**当数值范围较大时，茎叶图或许更有用。在茎叶图中，每个数值会按照数据位进行拆分，分解成第一位的数字或前面若干数字（茎），以及最后一位数字（叶）。例如，在茎叶图上，数值25、28、29和34可以表示如右图：

茎	叶
2	5、8、9
3	4

▶ **以你最喜欢的足球队在当年赛季每场比赛中的得分作为数据，创建你的茎叶图。**如何使用这个图形来找出你数据中的数值范围、众数和中位数？

▶ **另一种你可以采用的图形类型是箱须图。**这种类型的图形很容易观察到数据在数值线上是如何分布的。要创建一个箱须图，首先需要将数据按从小到大进行顺序排列。例如：

1,3,4,7,9,10,12,14,15,27,38

▶ **接下来找出数据集的中位数（位于中间的数值）。**在我们的例子中，中位数是10。中位数也称为第二个四分位数。

1,3,4,7,9,10,12,14,15,27,38

▶ **接下来，找到第一个和第三个四分位数，**分别为10左右两侧数值的中位数。

1,3,4,7,9,10,12,14,15,27,38

▶ **然后，画上一条线。**将第一、第二和第三个四分位数标记在线上。

▶ **用水平线将这些四分位数连接起来，**画出一个矩形盒。

▶ **在线上用小点标记数据中的异常值（最小值和最大值），然后用一条线将异常值连接到矩形盒中。**这些连接线就是矩形盒的须。使用箱须图，你可以很容易地观察数据集的数值分布情况。

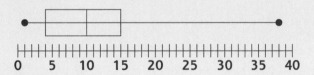

尝试一下！

现在，你已经学会了如何创建一个箱须图，请使用你已收集的足球队得分数据创建你的箱须图。如何使用这个图形来找出你数据中的数值范围、众数和中位数？

用信息图表示信息

随着数据量的爆炸式增长，信息图已经成为一种可视化表现数据的有效方式。信息图是数据、信息或知识的可视化表示，它们旨在快速、清晰地呈现数据和信息。你也许能够找到关于任何主题的信息图。请看以下的几个示例：

信息图采取有创意且富含信息的方式呈现数据。它们对数据的表达形式简洁、色彩丰富，易于共享和保存。

有以下几种主要类型的信息图。

* 统计类：用数据讲故事

* 报告类：用于表达文本信息

* 时序类：用于展示数据如何随着时间变化

* 过程类：用于展示分步过程

* 地理类：用于表现地理数据

* 比较类：用于对两种事物进行对比和比较

* 层次类：按层堆叠信息（类似于金字塔）

* 以图表为中心类：使用简单的图表突出数据特征

▶ **现在轮到你来制作一个信息图了。**选择一个你想表达的主题。它可以是你班上每个同学的生日、过去一个月你所在城市的平均降雨量、制作饼干所需的步骤，或者其他你感兴趣的话题，收集与这个主题相关的数据。

▶ **一旦你已经收集完数据，请确定你将使用哪种类型的信息图来展示数据。**通过手工方式或使用计算机来创作你的信息图。

▶ **一旦你完成创作，请向全班展示你的信息图。**询问你的同学，对他们而言，你的信息图上的哪些数据最突出。他们觉得你采用的信息图样式容易理解吗？

你知道吗？

国际象棋比赛是棋手之间进行多轮比赛，获胜场次多的一方胜利。

进一步探索！

尝试用不同类型的信息图来表示相同的数据。与你的同学分享这些新信息图。他们更喜欢哪种信息图样式？为什么？哪种信息图样式对于共享相关数据更有效？为什么？你认为信息图的样式是如何影响人们对数据的理解的？

什么是最受欢迎的彩虹糖？

一袋彩虹糖有多少种颜色？每一种颜色有多少个？哪种颜色最常见，哪种颜色又最不常见？在本次活动中，你将通过收集和分析数据来回答这些问题！

▶ **首先，收集大小相同的几袋彩虹糖。**打开其中一袋，将糖果按颜色分类。在表格或者电子表格中记录下每种颜色彩虹糖的数量。对每袋彩虹糖重复上述操作，并记录数据。

▶ **完成数据采集后，对数据进行整理然后回答下面的问题。**哪种颜色最常见？哪种颜色最不常见？

▶ **创建可视化图表或图形来展示这些信息。**试试柱状图和饼状图。哪种表现方式更容易让人回答上面的问题？

▶ **现在，看着你的数据回答下面的问题：一个袋子里有多少糖果？**所有袋中糖果的平均数是多少？（提示：使用以下公式计算平均数：糖果总数 ÷ 袋子总数 ＝ 平均数）每个袋子中的糖果数与平均数相差多少？用一个可视化图表来表现这些信息。

▶ **整理你的数据并回答以下问题：不同袋子中每种颜色糖果的数量会变化吗？**每种颜色糖果在一个袋子中的平均数是多少？每个袋子各种颜色糖果数量与它们的平均值相差多少？你如何用可视化的方式展示这些信息？

思考一下！

你对自己的结论有多大把握？增加额外的数据是否会让你对自己的结论更有信心？请解释为什么你对自己的结论有信心或者没有信心。

探索数据分析

数据分析可以将原始数据转化为有意义的信息。数据分析就是研究数据、清理数据和对数据建模的过程，用于发现信息、得出结论和辅助决策。在本次活动中，你将需要收集数据、组织数据和对数据建模，并将其用于数据分析。

▶ **首先，现在假设你在一家卖冰淇淋的商店工作。**你的经理想要知道客户最喜欢购买哪种口味的冰淇淋，以及下一批货中每种口味的冰淇淋应该预订多少。你如何通过数据分析来发现这些信息？

▶ **你需要先收集数据，你可以通过调查问卷来完成这个工作。**从家庭成员、朋友或者同学中选择 25 个人进行询问，了解他们最喜欢什么口味的冰淇淋，并记录数据。

▶ **接下来，为了理解这些数据，你需要对数据进行组织。**选择你想用来组织数据的图表类型——线形图或统计表。

▶ **当你以线形图或统计表的方式组织好数据，**请创建一个柱状图来展示这些数据，包括图上的标题和数据标签。

▶ **利用柱状图回答以下问题。**

* 冰淇淋口味从最喜欢到最不喜欢的排序是什么？

* 最喜欢的冰淇淋口味是什么？

* 商店经理最应该预订哪两种口味的冰淇淋？

思考一下！

问卷调查是一种收集数据用于分析的方法。你还可以通过什么方式收集商店顾客最喜欢购买哪种口味冰淇淋的数据？

第六章

大数据的未来

就在不久以前，很少有人能想象得到大数据会给我们的生活带来如此巨大的变化。未来，数据还将伴随着我们生成数据和使用数据的方式而不断发展。哪些技术将被开发，用来生成数据？哪些新的适用数据的方法将会出现？随着数据与日常生活联系得越来越紧密，我们的世界将变得不一样！

大多数人都认为数据不会很快消失。如果你也认为我们现在正在产生很多数据，那么等上几年再看看将会有多少数据！随着智能手机、平板电脑和智能手表等手持设备数量的增加，由这些设备产生的数据量也将大量增加。

然而这只是一个开始。随着技术进步，越来越多的设备将对我们周围环境的数据进行收集、共享和使用。

核心·问题

如何权衡大数据的好处和风险？

物联网

你听说过物联网（IoT）吗？技术专家预测，在不久的将来，物联网将成为一个巨大的数据产生器。

究竟什么是物联网呢？好吧，那你听说过智能锁、智能恒温器或智能灯吗？所有这些日常用品都是物联网的一部分。它们都连接到互联网，并且彼此相连。它们嵌入了可以采集、存储和处理数据的微型传感器。软件控制设备的操作，并决定如何根据数据进行响应。

大数据

由于它们与互联网相连，因此，
这些设备还可以上传数据进行更深入的处理和分析。

物联网设备并不是用于上网的普通计算机和笔记本电脑。通常，物联网由传统意义上没有联网的设备和可以在无人参与的情况下与互联网通信的设备组成。这就是为什么智能手机不被视为物联网设备，但健身带却是物联网的一部分。

物联网设备可以像儿童玩具一样简单，也可以像拥有数千个用于采集和传输数据的传感器的喷气式发动机一样复杂。由于物联网的存在，全世界数十亿物理设备能连接到互联网，采集和共享数据。一些专家预测，到 2020 年，物联网设备将超过 200 亿台。

Nest 智能恒温器可以作为物联网生成和使用数据的一个示例。你如何控制家里的温度呢？大多数人家里的墙上会有一个可以设置室内温度的恒温

Nest 智能恒温
器是物联网如何
产生、使用数据的
一个典型例子。

器。恒温器会根据其感应到的室内温度，向加热炉和空调系统发出打开或关闭的指令。人们可以随时修改程序设定的温度，根据自己的喜好，使温度升高或降低一点。

Nest 智能恒温器改变了这个室温调节过程。这个系统会收集你的日常生活数据，以及一周中你在特定的日子和时间喜欢的温度的情况。然后，它会创建一个时间表对你家庭的供暖和制冷进行规划，而无须你做任何事情。Nest 智能恒温器还通过 Wi-Fi 连接到互联网和你的家庭账户。你甚至可以从网站或通过手机 APP 对 Nest 智能恒温器进行远程监控和调控。

传统的恒温器使用一个传感器来测量房间的温度，Nest 智能恒温器使用三个温度传感器来获得更准确的读数：湿度传感器测量空气中的湿度，运动和光传感器探测到房间里的活动，无线网络连接收集该地区的天气数据。利用这些数据，Nest 智能恒温器为家里的供暖和冷却系统制定了一个时间表。

学习玩跳棋

亚瑟·塞缪尔（1901—1990）是机器学习的先驱者之一。20世纪50年代，他编写了一个跳棋程序。塞缪尔用他的程序让计算机和他自己进行了上千次跳棋游戏。计算机一遍又一遍地收集什么样的棋盘布局能够胜利、什么样的棋盘布局会被打败的数据。于是，棋盘游戏程序就学会了什么是好的棋盘布局和什么是坏的棋盘布局。拥有如此多的经验，计算机最终学到了足以胜过塞缪尔的知识！

垃圾邮件过滤器：一种决定哪些电子邮件重要，哪些电子邮件是垃圾的程序。

表情符号：用来表达想法或情感的小的数字图像或图标。

标签：在社交媒体上使用的一个单词或短语，前面带有 # 符号，用于标识特定主题的消息。

机器学习

专家预测，大数据将推动机器学习的进步。机器学习是计算机科学的一个领域，它允许机器根据经验来学习知识和优化模型，而无须人工编程。

通常，人们通过向计算机提供一组详细的指令来驱动它执行一项任务。这就是所谓的计算机程序——计算机必须遵照执行的详细指令序列。

机器学习不需要使用详细的指令序列。与以往的计算机工作方式不同，机器学习过程中，计算机通过一组正在完成的任务示例来学习如何执行新任务。计算机正是从这些示例中学会了如何执行任务。

为了更好地理解这个想法，想一想你能如何教会你弟弟踢球。你可以向他下达一组详细的指令来教他。你会告诉他距离多远的时候开始起脚以及脚踝的角度。你也会教他距离多远的时候开始弯曲膝盖，腿需要移动多快。你还会告诉他应该按照什么顺序完成你教的每一步。

如果采用机器学习的方法，你就会给你弟弟看很多踢球的例子，而不是给他下达指令。你会给他看不同的人踢球的例子和人踢不同类型的球的例子。你不是告诉他该做什么，而是通过给他看一些懂得如何踢球的人的例子来教他。你认为哪一种方式会更有效？

机器学习通过算法从数据中获取信息。计算机通过在数据中寻找模式和规律来学习，从而使计算机能够在未来做出更好的决策。

机器学习的目标是让计算机能够自动学习，而不需要人工对每一步操作进行解释。

通过学习，计算机可以对它的动作进行适当的调整。随着数据量的增加，机器学习算法也会不断提高它的性能和预测准确性。

现如今，我们已经在许多应用中使用机器学习方法。机器学习可以帮助一些拼车 APP 定价，并最大限度地减少乘客的等待时间。机器学习也可以让垃圾邮件过滤器学会将哪些电子邮件从个人收件箱中过滤掉。甚至社交媒体网站 Instagram 也使用机器学习方法来识别表情符号的含义。有了这些信息，Instagram 可以为用户创建和自动推荐表情符号和文本标签。

水资源浪费监测

在加利福尼亚州的长滩，水是一种宝贵的资源。为了节约用水，当地制定了法律，限制居民和企业浇草坪的日子和时间。在过去，该市的水务部门很难在实际执法过程中抓住浪费水资源的人。传统的水表只能测量出用户使用了多少水，但无法提供每天用了多少水或一个人在一天中的哪个时间段用水量最多的信息。使用了智能水表，城市执法部门和房主就可以获得用水的实时数据。这些智能水表每五分钟就会通过网络采用无线的方式，上报用水的情况。有了这些数据，城市执法部门就可以在发生非法用水情况的时候监测到它。这些数据还可以帮助房主节约用水。例如，一位房主在智能水表数据的帮助下发现了自家地基下的一处漏水点，从而将他的水费削减了88%。

要知道的词

血压：血液对血管内壁的压力。

生物医学：基于自然科学，特别是生物学和生物化学原理应用的医学。

RFID（射频识别）：一种利用放置在物体上的电子标签，将标识物体信息的无线信号传递给电子阅读器的技术。

数据的新用途

目前，许多企业都已经投身于数据浪潮。他们正在思考利用数据来理解和吸引客户的新方法。数据可以帮助相关机构对其管理操作进行改变，以提高运营效率。

数据不是只对公司和政府有用。我们可以收集健身追踪器的数据，来跟踪健身者的卡路里消耗、活动水平和睡眠模式。这些信息可以帮助我们做出更好的健康管理决策。

未来，数据将会有更多的用途。在医疗领域，智能手表和可穿戴设备可用于数百万人及他们各种健康状况的数据收集。患有慢性病的老年人可以避免无休止地去看医生——例如，已经有一种设备，它可以监测老年人的血压

智能手机可以从不同的方面追踪人的健康状况。这将如何帮助改善一个人的健康状态呢？

图片来源：Forth With Life (CC BY 2.0)

等信息，并自动将这些信息发送给医生。有了这些海量的数据，研究人员也许能够更好地理解和预测疾病，并找到新的治疗方法。

例如，苹果公司推出的名为 ResearchKit 的新的健康 APP，可以将智能手机变成一个生物医学研究设备。研究人员可以从用户的手机上收集数据用于健康研究。

手机可以追踪到一个人每天走了多少步，或者让人们回答他们在治疗后有什么感觉、某种特定疾病的进展情况等问题。

通过简化参与过程，就有可能显著增加参与研究的人数，从而提高研究结果的准确性。

在加利福尼亚州洛杉矶市，大数据也在协助警察保护社区安全。在洛杉矶警察局实时分析和危机预警部，犯罪分析师和技术专家正在大量的视频屏幕后进行监控。有些屏幕播放新闻广播，而其他的屏幕则显示来自城市周围的实时画面。

另一个屏幕跟踪该地区的地震活动。在中心区域，卫星地图显示了该市最新逮捕行动的地点。洛杉矶警察局通过追踪各种

撞到斜坡

下次你去滑雪时，缆车票也可能会被用于跟踪你在坡道上的一举一动。在一些滑雪胜地，塞入缆车票中的RFID（射频识别）标签会追踪滑雪者的行动。这些数据有助于度假村了解缆车的等待时间、交通模式，以及哪些缆车和线路在一天中什么时候最受欢迎。如果滑雪者在山上迷路了，这些RFID标签甚至可以被用于追踪滑雪者的位置。度假村还会利用数据向客户发送文本提醒，告诉他们在他们最喜欢的路线上什么时候有新鲜的粉状雪，或者哪条缆车线最短。

大数据

来源的犯罪数据，使用算法来预测下一次犯罪最有可能发生的地点。该算法通过分析数据来确定最有可能发生犯罪的区域。预测结果会在城市地图上被标记出来，并被传送给巡逻车上的警察。这就是被叫作预测性警务的数据使用，它也是数据用于预防犯罪的一种方式。

对未来的担忧

近年来，来自互联网、社交媒体、智能手机以及许多其他来源的数据量呈爆炸式增长。预计它将以令人难以置信的速度继续增长。数据拥有促使诸多领域取得重要进展的潜力，从自然科学、工程技术到医疗健康、经济金融。但与此同时，人们也在担心数据可能被滥用。

最大的担忧之一是隐私。谁拥有你的健身追踪器、智能冰箱或智能汽车所收集的数据的所有权？

如果健身追踪器制造商将你的活动能力数据出售给你的健康保险公司，那会发生什么情况？保险公司可能会利用这些信息调高你的风险等级，

If it's on the Internet, it isn't private.

DONKEYHOTEY

如果这是存在于互联网上的内容，它就不是隐私。

并因此向你收取更多的保险费用。

　　同样，汽车制造商也可能会将你的智能汽车数据出售给你的保险公司。如果保险公司认为你的驾驶习惯风险太高，他们就可能会提高你的保险费率，甚至会不为你提供保险。这在哪一点上侵犯了你的隐私呢？

未来，社会将不得不就收集来的数据，采取什么样的使用和不使用方式才是道德的问题，做出艰难的抉择。

　　有关大数据的另一个担忧是人们为了个人利益而使用大数据。当人们知道一组数据正被用于做出一项重要决定时，他们便有了试图操纵数据的动机，以便获得对自己最为有利的结果。例如，为了提高学校的全国排名，大学管理人员会做出并非所有人都同意的决定，比如以牺牲教室和学术为代价建造最现代化的体育馆。你认为这是个好主意吗？

监测患病婴儿

　　大数据已经用于协助医院监控患病婴儿和早产儿。在多伦多的儿童医院，新生儿重症监护病房的婴儿有很高的感染风险。安大略大学的研究人员找到一种记录和分析患病婴儿心跳和呼吸模式的方法。他们开发了一种算法，可以在身体症状出现前24小时预测感染的发生。有了这些信息，医生和护士可以对这些年龄最小的患者进行有效监测。当算法预测感染将要发生时，医疗团队就可以更早开始对婴儿进行治疗，从而提高他们的存活概率。

如果数据不准确该怎么办？当数据存在偏见或不准确的情况时，它很可能会导致不好的决定或错误的结论。

例如，在 2016 年美国总统选举中，多数民意调查团体数月来一直预测民主党候选人希拉里·克林顿将获胜。

在唐纳德·特朗普赢得选举后，很多人问这到底出了什么问题。一些新闻媒体报道说，民意调查人员很难找到为他们的民调提供数据的人，因为他们只是通过拨打固定电话的方式，尽管许多美国人已经使用手机了。这是一个可能导致具有偏见的数据集的因素，而民意调查机构的选举预测结果正是基于这样的数据得到的。

你知道吗？

2017 年，可口可乐宣布推出一种新的汽水口味——樱桃雪碧。这个决定是基于最近一代自助式饮料机收集到的监测数据，运用人工智能计算出的最受欢迎的口味组合。

大数据也具有改变我们的生活、工作和思维方式的潜力。对数据的利用可以带来许多令人兴奋的技术和进步。它可以帮助我们把事情做得更好。它能帮助我们完成新的甚至是令人惊讶的事情。与此同时，我们也需要了解用数据驱动世界将会面临的风险，从而让我们以最佳方式来使用数据。

物联网：是具有积极意义
还是消极意义的技术？

物联网将冰箱、炉灶和汽车等日常设备连接到互联网，并使用软件将它们与我们的日常生活联系起来。为了完成它们的工作，物联网设备每天都要收集数据。

物联网可以使日常生活更加轻松。但所有这些连接都有一个缺点。如果你家附近的人恶作剧，侵入了你的冰箱并将它关掉，那该怎么办？你所有的冰淇淋都会融化掉！物联网还有哪些可能适得其反的情况呢？

▶ **想一想物联网积极的方面。**互联设备及其产生的数据如何改善我们的生活和整个社会？

▶ **想一想物联网消极的方面。**这些设备及其产生的数据会产生哪些风险？

▶ **你认为物联网在未来对社会有利还是有弊？**你为什么相信这一点？至少提出三点来支持你的立场。

▶ **写一篇短文，阐述你对物联网的观点。**包括一个介绍性段落、对应三个要点的独立段落以及一个结论。请与你的同学分享你的论文。

尝试一下！

从另一个角度写一篇有说服力的文章。用你的文章来说服读者支持你的立场。

机器 VS 人类

数据可以用来帮助人们做出更好的决策。所有的决定是否都应该由数据和机器来做呢？还是有些决定仍然由人来做会更好呢？

▶ **阅读一些关于人工智能和人类决策的背景信息。** 当你研究这个主题时，请思考以下问题。

* 机器擅长哪些类型的决策？机器有什么优点使它们成为比人类更好的决策者？机器的决策有哪些缺点呢？

* 人类擅长哪些类型的决策？人类有什么优势使他们成为比机器更好的决策者？人类的决策有哪些缺点呢？

* 假如直觉、经验、情感、判断力和道德对决策过程真有作用的话，它们应该发挥什么样的作用？

▶ **准备一个关于此问题的辩论：** 机器比人类更擅长决策吗？

▶ **在准备的过程中，** 请记下用来支持你的论点的观点。然后试着想想对方可能会说些什么来反驳你，并准备好回应内容。

你知道吗？

在一个称为普华永道（PwC）的公司于2016年对2100名商业决策者进行的调查中，41%的人表示，相比自己的经验、直觉和判断，他们的决策过程更多地依赖计算机和算法。

尝试一下！

准备一个代表辩论的另一方的 PowerPoint 演示文稿。用你的演讲说服听众支持你的立场。

未来我们将如何使用数据?

经过多年的发展,技术的进步使人们能够跟踪到比过去任何时候都要多的数据。技术进步也创造了新的分析和使用数据的方法。随着技术的不断发展,人们还会不断创新收集、分析和使用数据的方法。

▶ **想一想人们未来能够采集到的新类型的数据。**选择一个行业来研究,如医疗行业、银行业、制造业、零售业、保险业、媒体和娱乐业、体育行业、教育业等。该行业目前是如何收集和使用数据的?

▶ **想一想这个行业收集的数据类型在未来可能会发生什么变化。**数据从哪里来?数据如何收集?技术在数据收集和分析中发挥着什么样的作用?该行业将会以什么样的新方式使用数据?提出至少三种未来在数据收集或使用方面可能发生的变化。

▶ **写一篇短文,阐述你关于未来这个行业对数据的使用将发生变化的研究成果。**包括一个介绍性段落、对应三个要点的独立段落以及一个结论。请与你的同学分享你的论文。

尝试一下!

选择另一个行业进行研究并重复本活动。这两个行业彼此有什么不同?它们的差异是如何影响各自使用数据的方式的?

图书在版编目（CIP）数据

大数据 /（美）卡尔拉·穆尼文；（美）亚历克西·康奈尔图；汪昌健，李思遥译 . — 长沙：湖南少年儿童出版社，2023.6（2025.2 重印）

（孩子也能懂的新科技）

ISBN 978-7-5562-6091-1

Ⅰ .①大… Ⅱ .①卡… ②亚… ③汪… ④李… Ⅲ .①数据处理—青少年读物 Ⅳ .① TP274-49

中国国家版本馆 CIP 数据核字（2023）第 037735 号

孩子也能懂的新科技 · 大数据
HAIZI YE NENG DONG DE XIN KEJI · DASHUJU

总 策 划：周 霞	策划编辑：刘艳彬 万 伦	
责任编辑：刘艳彬	质量总监：阳 梅	
特约编辑：徐强平	封面设计：仙境设计	
营销编辑：罗钢军		

出 版 人：刘星保

出版发行：湖南少年儿童出版社

地　　址：湖南省长沙市晚报大道 89 号　　邮编：410016

电　　话：0731-82196320

经　　销：新华书店

常年法律顾问：湖南崇民律师事务所　柳成柱律师

印　　制：湖南立信彩印有限公司

开　　本：889 mm × 1194 mm　1/16　　印　张：7.5

版　　次：2023 年 6 月第 1 版　　印　次：2025 年 2 月第 2 次印刷

书　　号：ISBN 978-7-5562-6091-1

定　　价：39.80 元

central processing unit
ethical
hacker
quantitative data
random access memory
database management system
structured data
decimal
outlier
variety
platter
raw data
artificial intelligence
pictograph
volume
algorithm
concentric
glean
keyword
stereotype
statistics
capacitor
fraud
tracks
morality
ethical
data point
pixel
targeted
read-write head
data mining
predictive policing
correlation
hashtag
digital
engineer
prototype
emoji
census
base-10 system
Industrial Revolution
tabulate commission
scribe
byte
data analytics
relational database
radio frequency identification
memory card
microprocessor
binary
biomedicine
innovative
machine learning
weban alytics
malicious
flash drive
chronic
technology
big data
accuracy
search engine
raw
data
virus
optical storage
protocols
interchangeable
server
evolve
sectors
blood pressure
urban
spam filter
simultaneously
vaccine
pandemic
thermostat
trajectory
global positioning system
influence